21 世纪全国普通高等院校美术·艺术设计专业
“十三五”精品课程规划教材

The “Thirteen five-year” Excellent Curriculum for Major in The Fine Art Design of The National Higher Education Institution in 21st Century

Photoshop Design

Photoshop 设计

主　编　袁金戈
副主编　李红霞　邓良才
编　著　袁金戈　梁　磊

辽宁美术出版社
Liaoning Fine Arts Publishing House

图书在版编目（CIP）数据

Photoshop设计 / 袁金戈，梁磊编著. — 沈阳 ：辽宁美术出版社，2016.10 (2019.2 重印)
21世纪全国普通高等院校美术·艺术设计专业“十三五”精品课程规划教材
ISBN 978-7-5314-7422-7

Ⅰ. ①P… Ⅱ. ①袁… ②梁… Ⅲ. ①图像处理软件－高等学校－教材 Ⅳ. ①TP391.41

中国版本图书馆CIP数据核字（2016）第244410号

出版发行　辽宁美术出版社
经　　销　全国新华书店
地址　沈阳市和平区民族北街29号　邮编：110001
邮箱　lnmscbs@163.com
网址　http：//www.lnmscbs.com
电话　024-23404603
封面设计　李香泫
版式设计　彭伟哲　薛冰焰　吴　烨　高　桐

印刷
辽宁新华印务有限公司

责任编辑　严　赫
责任校对　李　昂
版　　次　2017年1月第1版　2019年2月第4次印刷
开　　本　889mm×1194mm　1/16
印　　张　9
字　　数　210千字
书　　号　ISBN 978-7-5314-7422-7
定　　价　58.00元

图书如有印装质量问题请与出版部联系调换
出版部电话　024-23835227

21世纪全国普通高等院校美术·艺术设计专业
“十三五”精品课程规划教材

序 >>

「 当我们把美术院校所进行的美术教育当作当代文化景观的一部分时，就不难发现，美术教育如果也能呈现或继续保持良性发展的话，则非要“约束”和“开放”并行不可。所谓约束，指的是从经典出发再造经典，而不是一味地兼收并蓄；开放，则意味着学习研究所必须具备的眼界和姿态。这看似矛盾的两面，其实一起推动着我们的美术教育向着良性和深入演化发展。这里，我们所说的美术教育其实有两个方面的含义：其一，技能的承袭和创造，这可以说是我国现有的教育体制和教学内容的主要部分；其二，则是建立在美学意义上对所谓艺术人生的把握和度量，在学习艺术的规律性技能的同时获得思维的解放，在思维解放的同时求得空前的创造力。由于众所周知的原因，我们的教育往往以前者为主，这并没有错，只是我们更需要做的一方面是将技能性课程进行系统化、当代化的转换；另一方面，需要将艺术思维、设计理念等这些由“虚”而“实”体现艺术教育的精髓的东西，融入我们的日常教学和艺术体验之中。

在本套丛书出版以前，出于对美术教育和学生负责的考虑，我们做了一些调查，从中发现，那些内容简单、资料匮乏的图书与少量新颖但专业却难成系统的图书共同占据了学生的阅读视野。而且有意思的是，同一个教师在同一个专业所上的同一门课中，所选用的教材也是五花八门、良莠不齐，由于教师的教学意图难以通过书面教材得以彻底贯彻，因而直接影响到教学质量。

学生的审美和艺术观还没有成熟，再加上缺少统一的专业教材引导，上述情况就很难避免。正是在这个背景下，我们在坚持遵循中国传统基础教育与内涵和训练好扎实绘画（当然也包括设计、摄影）基本功的同时，向国外先进国家学习借鉴科学并且灵活的教学方法、教学理念以及对专业学科深入而精微的研究态度，辽宁美术出版社会同全国各院校组织专家学者和富有教学经验的精英教师联合编撰出版了《21世纪全国普通高等院校美术·艺术设计专业“十三五”精品课程规划教材》。教材是无度当中的“度”，也是各位专家多年艺术实践和教学经验所凝聚而成的“闪光点”，从这个“点”出发，相信受益者可以到达他们想要抵达的地方。规范性、专业性、前瞻性的教材能起到指路的作用，能使使用者不浪费精力，直取所需要的艺术核心。从这个意义上说，这套教材在国内还是具有填补空白的意义。

21世纪全国普通高等院校美术·艺术设计专业“十三五”精品课程规划教材编委会 」

目录 contents

第一章 Photoshop CS3概述

本章重点 >>

Photoshop的工作界面，图像色彩模式和文件模式。

学习目标 >>

通过本章的学习，使学生初步了解该软件的基本功能与工作界面，掌握图像处理的基础知识。

建议学时 >>

4学时。

第一章　Photoshop CS3概述

第一节 ///// 初识Photoshop CS3

Photoshop是由Adobe公司开发设计的一个跨平台的平面图像处理软件。1990年2月，Adobe公司推出Photoshop 1.0，2005年5月推出Photoshop CS2，即Photoshop 9.0。2007年7月最新推出Photoshop CS3，Photoshop CS3全称Adobe Photoshop CS3 Extended 也称作Photoshop 10.0，支持众多的图像格式，是公认最好的通用专业设计人员的首选软件。其用户界面易懂，功能完善，性能稳定，主要应用于平面设计、网页设计、数码暗房、建筑效果图后期处理以及影像创意处理等。（如图1—1—1～1—1—3）

Photoshop的专长在于图像处理，而不是图形创作。图像处理是对已有的位图图像进行编辑加工处理以及运用一些特殊效果，其重点在于对图像的处理加工；图形创作是按照自己的构思创作，使用矢量图形软件来设计图形，这类软件主要有Adobe公司的另一个著名软件Illustrator和Micromedia公司的Freehand。

图1—1—1

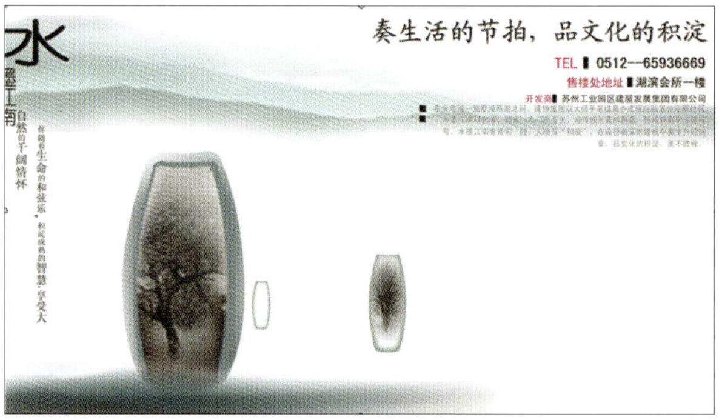

图1—1—2

图1—1—3

一、Photoshop CS3 新增的特性及功能：

1.Photoshop CS3最大的改变是工具箱，变成可伸缩的，可为长单条和短双条。（如图1—1—4、1—1—5）

2.工具箱上的快速蒙版模式和屏幕切换模式也改变了切换方法。

3.工具箱的选择工具选项中，多了一个组选择模式，可以自己决定选择组或者单独的图层。（如图1—1—6）

4.工具箱多了快速选择工具（Quick Selection Tool），是魔术棒的快捷版本，可以不用任何快捷键进行加选，按住不放可以像绘画一样选择区域，非常神奇。当然选项栏也有新、加、减三种模式可选，快速选择颜色差异大的图像会非常直观、快捷。（如图1—1—7）

5.所有的选择工具都包含重新调整选区边缘(Refine Edge)的选项，比如调整边缘的半径、对比度、羽化程度等，可以对选区进行收缩和扩充。另外还有多种显示模式可选，比如快速蒙版模式和蒙版模式等，非常方便。举例来说，您做了一个简单的羽化，可以直接预览和调整不同羽化值的效果。（如图1—1—8）

6.调板可以缩为精美的图标，像CorelDraw的泊坞窗，或者像Flash的面板收缩状态，不过相比之下这个更方便，两层的收缩非常便捷。（如图1—1—9）

图1—1—6

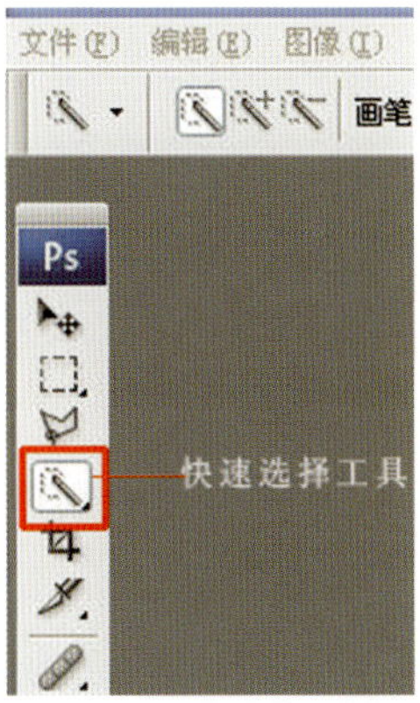

图1—1—7

图1—1—4

图1—1—5

图1—1—8

图1—1—9

7.多了一个“克隆（仿制）源”调板，是和仿制图章配合使用的，允许定义多个克隆源（采样点），就好像Word有多个剪贴板内容一样。另外克隆源可以进行重叠预览，提供具体的采样坐标，可以对克隆源进行移位缩放、旋转、混合等编辑操作。克隆源可以是针对一个图层，也可以是上下两个，还可以是所有图层，这比之前的版本多了一种模式。（如图1—1—10）

8.在Adobe Bridge的预览中可以使用放大镜来放大局部图像，而且这个放大镜还可以移动、旋转。如果同时选中了多个图片，还可以一起预览。（如图1—1—11）

在这里只列举常用的新增功能，更多具体的新增功能我们可通过工作区按钮下点击的“新增功能—CS3”，当下拉菜单中显示浅蓝色部分的命令即为新功能。（如图1—1—12、1—1—13）

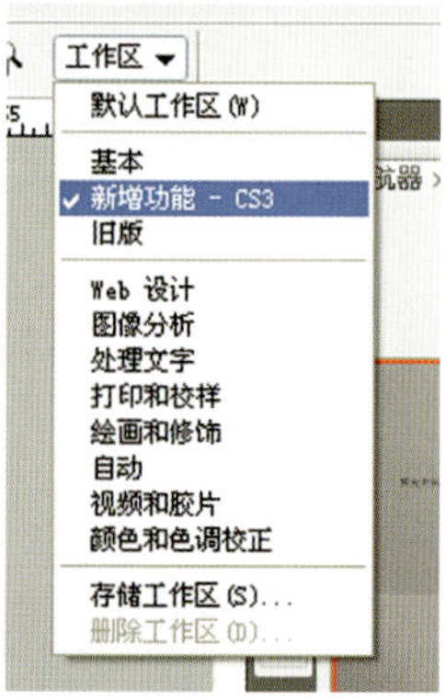

图1—1—12

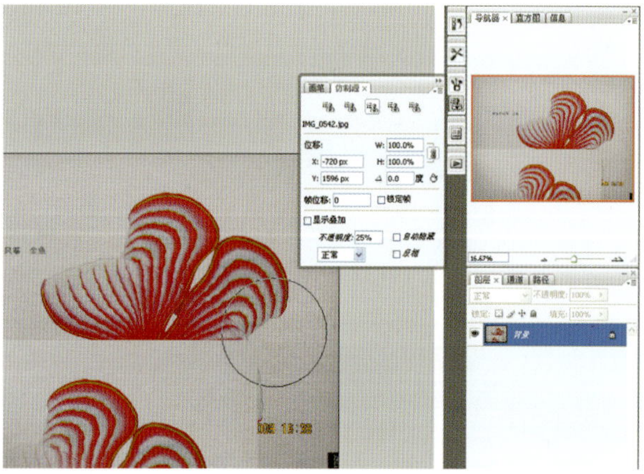

图1—1—10

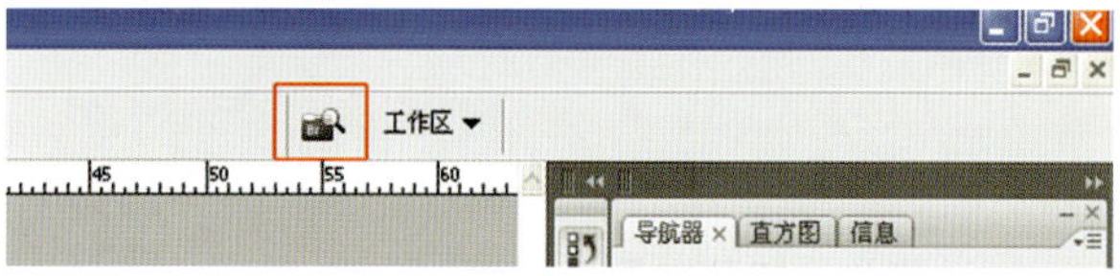

图1—1—11

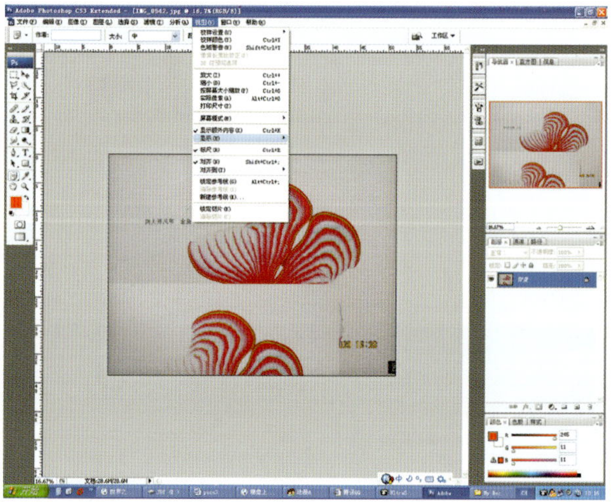

图1—1—13

第二节 ///// 工作界面

成功安装Photoshop CS3后，单击“开始”按钮，选择“程序”Adobe Photoshop CS3命令，将打开如图1—2—1所示的工作界面。在Photoshop CS3工作界面中，包括标题栏、菜单栏、工具属性栏、工具箱、图像窗口、调板及状态栏等界面元素。下面将详细介绍每个界面元素的特点和作用。

Photoshop的工作界面由标题栏、菜单栏、工具属性栏、工具箱、图像窗口、浮动调板、调板窗、状态栏等组成。（如图1—2—1）

图1-2-1 Photoshop CS3的工作界面

1.标题栏

标题栏主要显示软件的版本信息、打开的文件信息（包括文件名、文件格式、文件缩放比例、色彩模式）。

2.菜单栏

将Photoshop所有的动作分为十类，共十项菜单。分别是文件、编辑、图像、图层、选择、滤镜、分析、视图、窗口、帮助。点击其中任一菜单出现下拉菜单，下拉菜单中有黑色三角形的命令则后面有二级菜单。

3.工具属性栏

工具属性栏上的设置项也会随着使用的工具不同而不同。

4.工具箱

工具右下角有黑色三角标记的，即该工具下还有其他类似的命令。当选择使用某工具，工具属性栏则列出该工具的选项；按照工具上提示的快捷键，可快捷使用该工具，按下Shift+工具上提示的快捷键，用来切换使用这些工具；按Tab键，用来显示/隐藏工具箱、工具属性栏和调板；按F键，可切换屏幕模式（标准屏幕模式、带有菜单栏的全屏模式、全屏模式）。

5.图像窗口

显示操作的图像。

6.浮动调板

可在窗口菜单中显示各种调板。双击调板标题可以最小化或还原调板；拖动调板标签可以分离或置入调板；单击调板右边三角可以显示调板菜单；如果想复位调板位置，可通过窗口菜单下选择“工作区”，再直接点击“复位调板位置”即可；如果想存储工作区可通过窗口菜单下选择“工作区”， 再直接点击“存储工作区”；快捷键Shift+Tab可以用来显示或隐藏调板。

7.调板窗

可将常用的调板置入其中。

8.状态栏

包含四个部分，分别为：图像显示比例、文件大小、浮动菜单按钮及工具提示栏。

第三节 ///// 图像处理基础知识

一、像素与分辨率

像素是组成图像的最基本单元，它是一个小的方形的颜色块。

分辨率即单位面积内像素的多少。分辨率越高，像素越多，图像的信息量越大。单位为PPI（Pixels Per Inch），如300PPI表示该图像每平方英寸含有300×300个像素。

图像分辨率和图像尺寸的值决定了文件的大小及输出的质量，分辨率越高，图像越清晰，所产生的文件也越大。图像分辨率成为图像品质和文件大小之间的代名词。如果是用来印刷的图像，其分辨率一定要大于等于120像素/厘米，折算大约是：300像素/英寸。

二、位图图像与矢量图像

位图又称像素图，即图像由一个个的颜色方格所组成，与分辨率有关，单位面积内像素越多，分辨率越高，图像的效果越好。用于显示一般为72PPI；用于印刷一般不低于300PPI。（如图1-3-1）

矢量图是由数学方式描述的曲线组成，其基本组成单元为锚点和路径。由CorelDraw、Illustrator、FreeHand等软件绘制而成，与分辨率无关，放大后无失真。（如图1-3-2）

图1-3-1

图1-3-2

三、图像的色彩模式

图像的色彩模式指的是当图像在显示及打印时定义颜色的不同方式，理解图像的色彩模式是使用Photoshop软件进行图像处理的基础。

Photoshop软件中色彩模式主要包括：RGB彩色模式、CMYK彩色模式、HSB彩色模式、Lab彩色模式、索引彩色模式、灰度模式、位图模式、多通道模式。

图像的色彩模式可以通过选择菜单“图像”中的“模式”命令相互转换，在转换过程中，如果在新的模式中无法找到与之对应的色彩，这部分色彩将会损失掉，因此转换后的图像颜色将有所变化。

1.RGB模式

RGB模式是基于可见光的原理而制定的，R代表红色，G代表绿色，B代表蓝色。

根据光的合成原理不同颜色的色光相混合产生另一种颜色的光。而其中R、G、B这三种最基本的色光以不同的强度相混合可以产生人眼所能看见的所有色光。所以RGB模式也叫加色模式。所有扫描仪、显示器、投影设备、电视、电影屏幕等都依赖于这种加色模式。

在Photoshop的RGB模式中，图像中每一个像素的颜色由R、G、B三种颜色分量混合而成，如果规定每一颜色分量用一个字节（8位）表示其强度变化，这样R、G、B三色各自拥有256级不同强度的变化，各颜色分量的强度值在0时为最暗，在255时最亮。这样的规定使每一像素表现颜色的能力达到24位，所以说8位的RGB模式图像一共可表现出多达1677余万种的不同颜色。但是，这种模式的色彩超出了打印色彩的范围，打印结果往往会损失一些亮度和鲜明的色彩。

2.CMYK模式

CMYK是用于印刷和打印的基本颜色模式。CMYK代表印刷用的四种油墨的颜色，C代表青色，M代表洋红色，Y代表黄色，K代表黑色（用K而不用B表示是防止与蓝色混淆），前三种颜色的油墨相混合可以得到我们所需的各种颜色。所以CMYK模式又被称为减色模式。

理论上，C、M、Y三色油墨相混可以产生黑色，但在实际应用中，由于受油墨纯度等因素影响，很难得到纯正的黑色，所以又引入了黑色油墨，用K表示。引入黑色油墨后可以使暗色更暗，使黑色更黑。

CMYK模式是最佳的打印模式，但是编辑图像时最好不用此模式。由于显示器是RGB模式，系统在编辑图像过程中会在两个模式之间来回转换而损失色彩，另一个原因就是在RGB模式Photoshop只需处理三个颜色通道，而在CMYK模式下，系统要同时处理四个颜色通道，这就加大了系统的工作量和计算机的工作时间。所以建议当你编辑的图像用于印刷或打印时，最好还是先用RGB模式编辑图像，待完成后再一次性转为CMYK模式，再加以必要的校色、锐化和修饰处理后提供给印刷或打印使用。

3.HSB模式

HSB模式是基于人类对颜色的感觉而开发的模式，也是最接近人眼观察颜色的一种模式。H代表色相，S代表饱和度，B代表亮度。

色相：是人眼能看见的纯色，即看见光谱的单色。在0°～360°的标准色轮上，色相是按位置度量的。如红色在0°，绿色在120°，蓝色在240°等。

饱和度：即颜色的纯度或强度。饱和度表示色相中灰度成分所占的比例，用从0%（灰）至100%（完全饱和）来度量。

亮度：是颜色的亮度，通常用0%（黑）至100%（白）的百分比来度量。

4.Lab彩色模式

Lab模式是由国际照明委员会1931年制定，1976年又进行重新修订的一种与设备无关的模式，它既可以用来描述打印的色调，也可以来描述从显示器中发出的色调。这种模式通过一个光强和两个色调来描述，一个色调叫做a，其数值从-128至128，表示颜色从深绿色到灰再到亮粉红色；另一个色调叫做b，其数值从-128至128，表示颜色从亮蓝色到灰再到焦黄色；光强的数值表示为0%～100%，它主要影响着色调的明暗。当Phtoshop将RGB模式转换为CMYK时，都经过了Lab的转换，所以在图像编辑中直接选择用这种模式，既可以减少转换过程的色彩损失、其编辑操作速度又可以与RGB模式下一样快。

5.索引彩色模式

这种模式下的图像中的像素颜色由一个字节表示，所以它最多可以包含有256种颜色，当将一个RGB或CMYK图像转换为索引模式的图像时，Photoshop软件将建立一个256色的色表储存并索引其所用颜色。这种模式下的图像质量不是很高，但是它所占的磁盘空间较少，一般可用于多媒体的动画用图或Web页中的图像用图。

在Photoshop软件中很多编辑操作不能直接用于这种模式的图像，因此，只有首先转换为RGB模式后才能使用。

6.灰度模式

这种模式下的图像中的像素颜色用一个字节表示，即每一个像素可以用0～255个不同灰度值表示，其中0表示最暗—黑色，255为最亮—白色。

灰度模式与彩色模式可以相互转换，实际上，如果要将彩色图像转换为位图或双色调，首先必须转换为灰度图才可实现。

7.位图模式

这种模式下的图像中的像素用一个二进制位表示，即黑和白，因此这种模式的图像文件所占磁盘空间最小。

8.多通道色彩模式

除“位图”、“索引图”模式外的任一模式图像，在不包含图层的情况下，都可以转换为多通道色彩模式图像。这种转换使图像的通道之间不再有特殊的关系，它们不产生合成视图，相反，它们独立存在，各为一个灰度图像。

多通道图像常用于特殊的打印目的，例如：当需要将彩色图像转换为灰度图像时，如果彩色图像存在某些缺陷，而某一通道内的灰度图可以满足要求，就可以不通过常规的将彩色图像转换为灰度的方法，而是直接在通道中删除不需要的通道，保留所需的灰度图通道。

四、图像的文件格式

Photoshop默认的文件格式为PSD；网页上常用的有PNG、JPEG、GIF；印刷中常用的为EPS、TIFF。Photoshop几乎支持所有的图像格式。

1.PSD格式

PSD是Photoshop的专用格式。PSD其实是Photoshop进行平面设计的一张“草稿图”，它里面包含有各种图层、通道、遮罩等多种设计的样稿，以便于下次打开文件时可以修改上一次的设计。在Photoshop所支持的各种图像格式中，PSD的存取速度比其他格式快很多，功能也很强大。

2.BMP格式

BMP是英文Bitmap（位图）的简写，它是Windows操作系统中的标准图像文件格式，能够被多种Windows应用程序所支持。这种格式的特点是包含的图像信息较丰富，几乎不进行压缩，但由此导致了它与生俱来的缺点——占用磁盘空间过大。

3.GIF格式

GIF是英文Graphics Interchange Format（图形交换格式）的缩写。顾名思义，这种格式是用来交换图片的。

GIF格式的特点是压缩比高，磁盘空间占用较少，所以这种图像格式迅速得到了广泛的应用。最初的GIF只是简单地用来存储单幅静止图像（称为GIF87a），后来随着技术发展，可以同时存储若干幅静止图像进而形成连续的动画，使之成为当时支持2D动画为数不多的格式之一（称为GIF89a），而在GIF89a图像中可指定透明区域，使图像具有非同一般的显示效果，这更使GIF风光十足。目前在Internet上大量采用的彩色动画文件多为这种格式的文件，也称为GIF89a格式文件。

此外，考虑到网络传输中的实际情况，GIF图像格式还增加了渐显方式，也就是说，在图像传输过程中，用户可以先看到图像的大致轮廓，然后随着传输过程的继续而逐步看清图像中的细节部分，从而适应了用户的“从朦胧到清楚”的观赏心理。目前在Internet上大量采用的彩色动画文件多为这种格式的文件。

但GIF有个小小的缺点，即不能存储超过256色的图像。尽管如此，这种格式仍在网络上大行其道应用，这和GIF图像文件短小、下载速度快、可用许多具有同样大小的图像文件组成动画等优势是分不开的。

4.JPEG格式

JPEG也是常见的一种图像格式，JPEG文件的扩展名为.jpg或.jpeg，支持有损压缩，其压缩技术十分先进，可以用最少的磁盘空间得到较好的图像质量。

同时JPEG还是一种很灵活的格式，具有调节图像质量的功能，允许你用不同的压缩比例对这种文件压缩，一个2MB的BMP位图文件在保证图像质量的前提下可压缩至40KB左右。

由于JPEG优异的品质和杰出的表现，它的应用也非常广泛，特别是在网络和光盘读物上，肯定都能找到它的影子。目前各类浏览器均支持JPEG这种图像格式，因为JPEG格式的文件尺寸较小，下载速度快，使得Web页有可能以较短的下载时间提供大量美观的图像，JPEG同时也就顺理成章地成为网络上最受欢迎的图像格式。

5.TIFF格式

TIFF（Tag Image File Format）是Mac中广泛使用的图像格式，它由Aldus和微软联合开发，最初是出于跨平台存储扫描图像的需要而设计的。它的特点是图像格式复杂、存贮信息多。正因为它存储的图像细微层次的信息非常多，图像的质量也得以提高，故而非常有利于原稿的复制。

该格式有压缩和非压缩两种形式，其中压缩可采用LZW无损压缩方案存储。不过，由于TIFF格式结构较为复杂，兼容性较差，因此有时你的软件可能不能正确识别TIFF文件（现在绝大部分软件都已解决了这个问题）。目前在Mac和PC机上移植TIFF文件也十分便捷，因而TIFF现在也是微机上使用最广泛的图像文件格式之一。

6.PNG格式

PNG（Portable Network Graphics）是一种新兴的网络图像格式。

PNG是目前保证最不失真的格式，它汲取了GIF和JPG二者的优点，存贮形式丰富，兼有GIF和JPG的色彩模式；它的另一个特点能把图像文件压缩到极限以利于网络传输，但又能保留所有与图像品质有关的信息，因为PNG是采用无损压缩方式来减少文件的大小，这一点与牺牲图像品质以换取高压缩率的JPG有所不同；它的第三个特点是显示速度很快，只需下载1/64的图像信息就可以显示出低分辨率的预览图像；第四，PNG同样支持透明图像的制作，透明图像在制作网页图像的时候很有用，我们可以把图像背景设为透明，用网页本身的颜色信息来代替设为透明的色彩，这样可让图像和网页背景很和谐地融合在一起。

PNG的缺点是不支持动画应用效果，如果在这方面能有所加强，简直就可以完全替代GIF和JPEG了。Macromedia公司的Fireworks软件的默认格式就是PNG。

7.EPS格式

EPS是Encapsulated PostScript的缩写，是跨平台的标准格式，扩展名在PC平台上是．eps，在Macintosh平台上是．epsf，主要用于矢量图像和光栅图像的存储。是Adobe公司矢量绘图软件Illustrator本身的向量图格式，EPS格式常用于位图与矢量图之间交换文件。EPS格式采用 PostScript语言进行描述，并且可以保存其他一些类型信息，例如多色调曲线、Alpha通道、分色、剪辑路径、挂网信息和色调曲线等，因此EPS格式常用于印刷或打印输出。Photoshop中的多个EPS格式选项可以实现印刷打印的综合控制，在某些情况下甚至优于TIFF格式。在Photoshop中打开EPS格式文件时是通过“文件”菜单的“导入”命令来进行点阵化转换的。

[复习参考题]

◎ Photoshop CS3有哪些新增功能？
◎ 分辨率与图像的质量有何关系？
◎ 位图与矢量图的区别在哪里？
◎ RGB、CMYK色彩模式的特点。
◎ PSD、JPG文件格式的特点。

第二章 Photoshop CS3的基础操作

本章重点

本章重点介绍了Photoshop CS3的工作环境，文件的建立、打开和存储以及最基本的图片变化调整方式。

学习目标

让同学们了解和认知Photoshop CS3的工作流程。让大家对软件的工作原理和处理步骤有一个基本的了解。为下面的学习打好基础。

建议学时

4学时。

第二章　Photoshop CS3的基础操作

第一节 ///// 图像文件的基本操作

一、新建图像文件

启动Photoshop后Photoshop界面的编辑区是一片空白，我们需要新建图像用来绘图。

新建图像的方式可以使用菜单创建，操作为点击[文件]/[新建]如图2–1–1，或按快捷键“Ctrl+N”。

也可以按住“Ctrl”双击Photoshop编辑区的空白区，所谓空白区就是既没有图像也没有调板的地方。将会出现如图2–1–2的对话框。

如果我们建立一个400×300像素，背景色为白色的RGB模式图像。如图2–1–3，如果事先在图2–1–2对话框中的“名称”栏中输入了名称，标题栏就会出现相应的名称，如果在图2–1–2对话框中的“名称”栏中没有输入名称，文件的标题栏将显示“未标题”。

二、图像的打开

打开图像的方式可以使用菜单栏中的“[文件]/[打开]”命令，如图2–1–4，或按键盘中的“Ctrl+O”键，即弹出“打开”对话框，如图2–1–5，也可以双击Photoshop编辑区的空白区。

图2–1–1

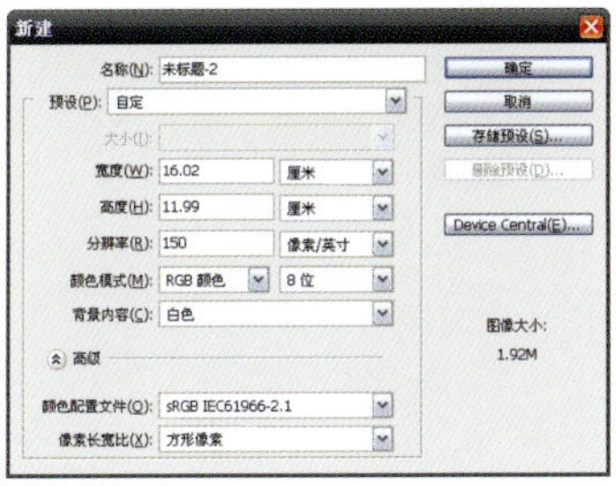

图2–1–2

图2–1–5

图2–1–3

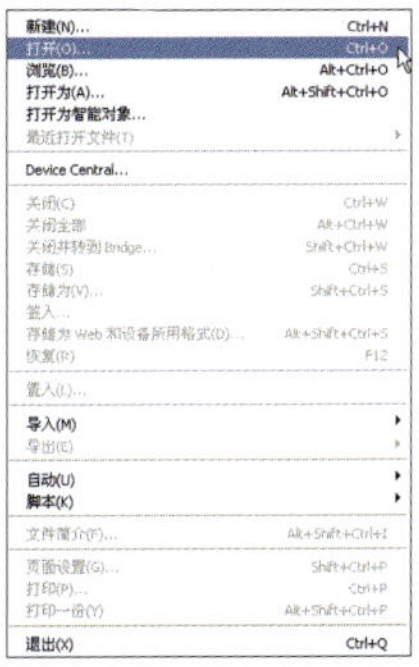

图2–1–4

图2–1–6

选择需要的图片后，点击“[打开]”。图片便出现在空白区域。（如图2-1-6）

三、图像的保存

经过一系列处理后，可以点击“[文件]”菜单中的“[存储为]”，快捷键“Ctrl+Shift+S”选择合适的路径，点击“[保存]”。（如图2-1-7、2-1-8）

图2-1-7

图2-1-8

第二节 ///// 图像文件的浏览

图像浏览的方式可以使用菜单“[文件]/[浏览]”，快捷键“Alt+Ctrl+O”。

在电脑硬盘上找到需要的图片后，点击“[打开]”即可。（如图2-2-1、2-2-2）

图2-2-1

图2-2-2

第三节 ///// 辅助工具的使用

一、标尺

要想做出比较精确的设计作品，Photoshop的参考线和标尺可是不能少的，辅助线是通过从标尺中拖出而建立的，所以首先我们要确保标尺是打开的。快捷键“Ctrl+R”，菜单“[视图]/[标尺]”。

标尺的坐标原点可以设置在画布的任何地方，只要从标尺的左上角开始拖动即可应用新的坐标原点；双击左上角可以还原坐标原点到默认点。

在标尺区域点击鼠标右键，可以修改标尺的单位。

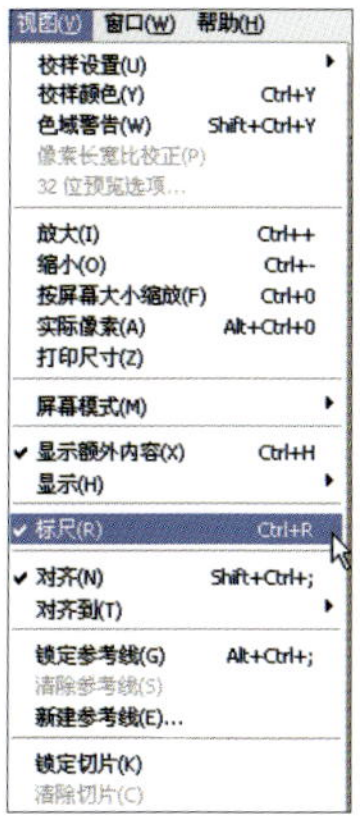

图2—3—1

图2—3—2

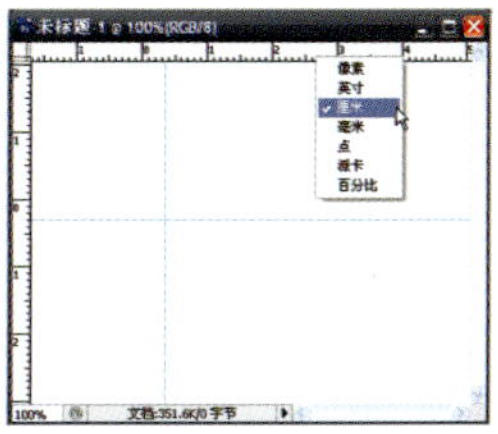

图2—3—3

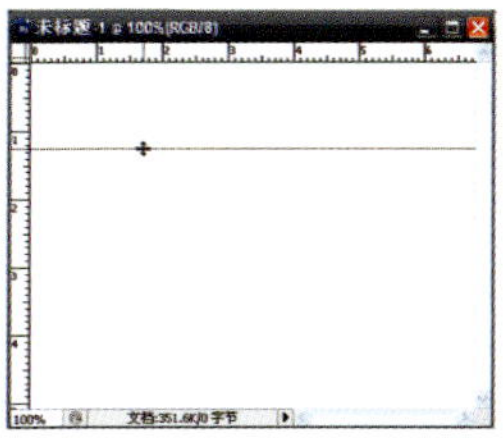

图2—3—4

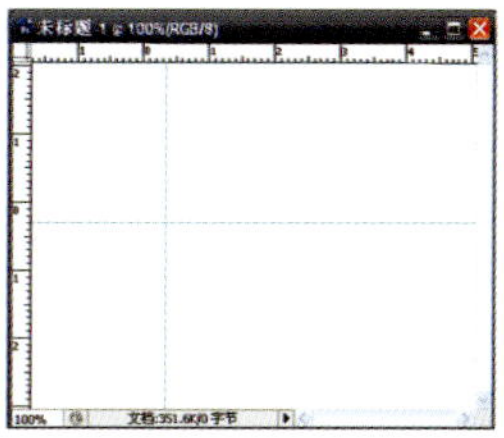

图2—3—5

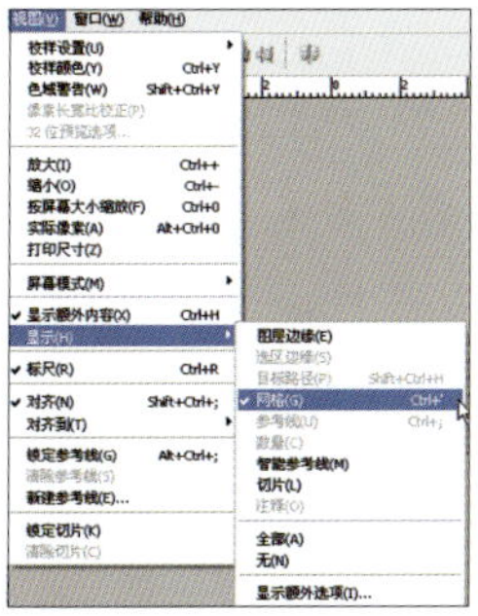

图2—3—6

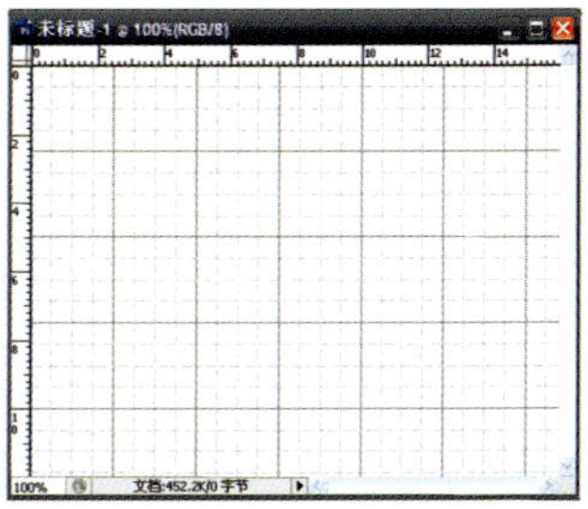

图2—3—7

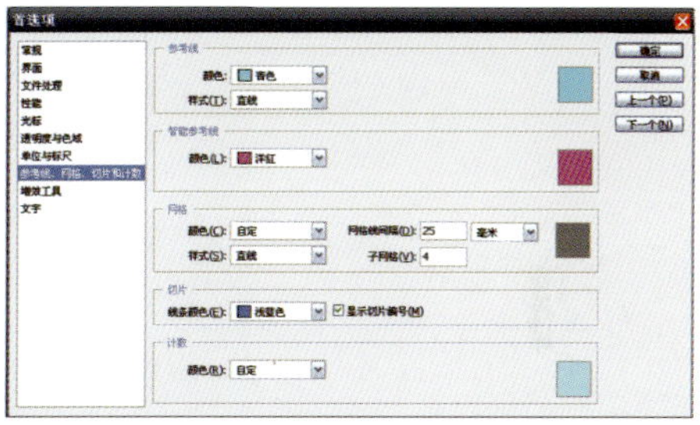

图2—3—8

二、参考线

从标尺区域拖动鼠标，可拉出水平或垂直的辅助线，即参考线。

拖动辅助线时按住Alt键可以在水平辅助线和垂直辅助线之间切换。按住Alt键点击一条已经存在的垂直辅助线可以把它转为水平辅助线，反之亦然。

三、网格

单击菜单栏的“[视图]/[显示]/[网格]”。

网格单位的设置：选择“[编辑]”菜单栏下的“[预置]”命令，在下级子菜单中选择“[参考线、网格、切片]”项，打开如图所示的预置对话框。

修改中间网格的基本属性后，单击右上角的“确定”就可以了。

第四节 ///// 图像文件尺寸调整

我们知道了显示器上的图像是由许多点构成的，这些点称为像素，意思就是“构成图像的元素”。但是要明白一点：像素作为图像的一种尺寸，只存在于电脑中，如同RGB色彩模式一样只存在于电脑中。像素是一种虚拟的单位，现实生活中是没有像素这个单位的。在现实中我们看到一个人，你能说他有多少像素高吗？不能，通常我们会说他有1.82米高，或者182厘米等。所用的都是传统长度单位。所谓传统长度单位就是指毫米、厘米、分米、米、千米、光年这样的单位。

我们打开一张图片（如图2—4—1）。

单击图像—图像大小。快捷键“Alt+Ctrl+I”可以打开图像大小对话框。

位于上面的像素大小我们都已经熟悉了，指的就是图像在电脑中的大小。其下的文档大小，实际上就是打印大小，指的就是这幅图像打印出来的尺寸。可

图2-4-1

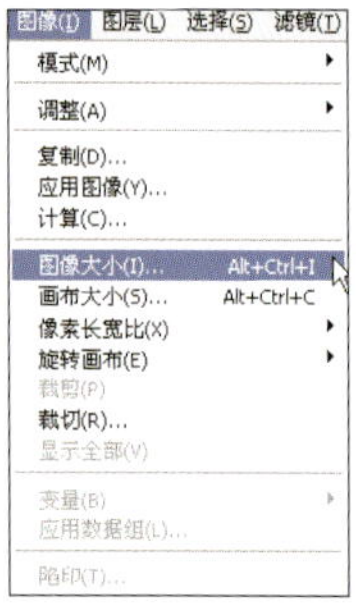

图2-4-2

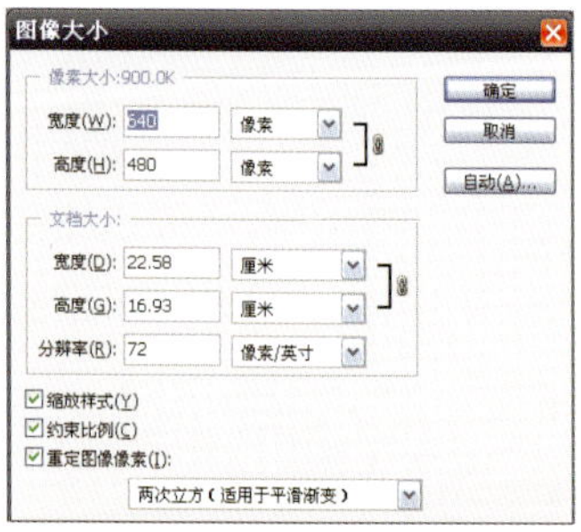

图2-4-3

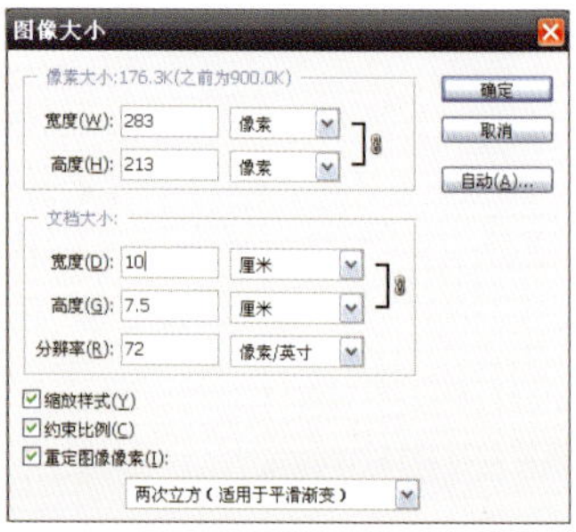

图2-4-4

以看到打印大小为22.58×16.93厘米。下面我们修改其文档大小。

我们将宽度修改为10厘米，这时候高度也跟着变为7.5厘米啦。这是因为我们勾选了左下角的“约束比例”。

一般对于打印分辨率，印刷行业有一个标准：300dpi。就是指用来印刷的图像分辨率，至少要为300dpi才可以，低于这个数值印刷出来的图像不够清晰。

如果打印或者喷绘，只需要72dpi就可以了。注意这里说的是打印不是印刷。打印是指用普通的家用或办公喷墨打印机。喷绘就是街头的大幅面广告，因为需求数量少一般不作印刷。因为印刷有一个起步成本，数量越多单价就越便宜。比如印1000份需要500元，而印3000份可能总共也只需要1000元。所以一般的街头广告(比如公车站的灯箱广告)都是使用大幅面喷绘机制作的。喷绘机的工作原理和喷墨打印机类似，只是体积大许多，价格也较为昂贵。

打印分辨率和打印尺寸，顾名思义就是在那些需要打印或印刷的用途上才起作用。比如海报设计，报纸广告等。

而对于网页设计等主要在屏幕上显示的用途来说，则不必去理会打印分辨率和打印尺寸。只需要按照像素去定义图像大小就可以了。

第五节 ///// 颜色的设置

我们到底该如何选择适当的色彩模式呢？我们先来明确一下RGB与CMYK这两大色彩模式的区别。色彩模式的选择在图像—模式。

我们到底该如何选择适当的色彩模式呢？我们先来明确一下RGB与CMYK这两大色彩模式的区别：

1.RGB色彩模式是发光的，存在于屏幕等显示设备中。不存在于印刷品中。CMYK色彩模式是反光的，需要外界辅助光源才能被感知，它是印刷品唯一的色彩模式。

2.色彩数量上RGB色域的颜色数比CMYK多出许多。但两者各有部分色彩是互相独立(即不可转换)的。

下面我们把一张RGB模式的图片转成CMYK模式。（如图2-5-1～2-5-4）

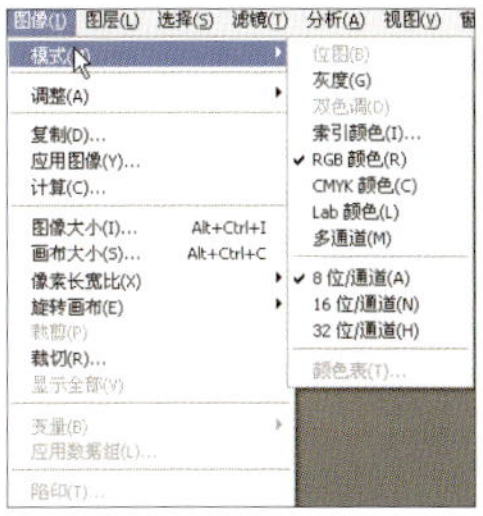

图2—5—1

图2—5—2

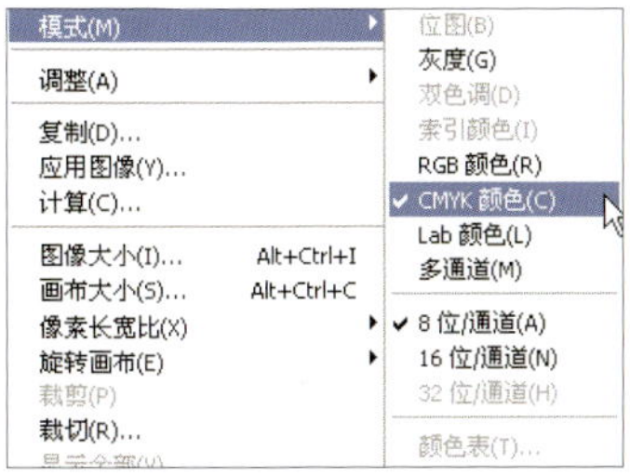

图2—5—3

图2—5—4

第六节 ///// 实例制作

下面我们做一个练习。巩固一下本章的知识。

1.点击[文件]/[打开]，快捷键“Ctrl+O”。选择需要的图片，点[确定]。

图2—6—1

2.查看图像的大小，点击[图像]/[图像大小]。

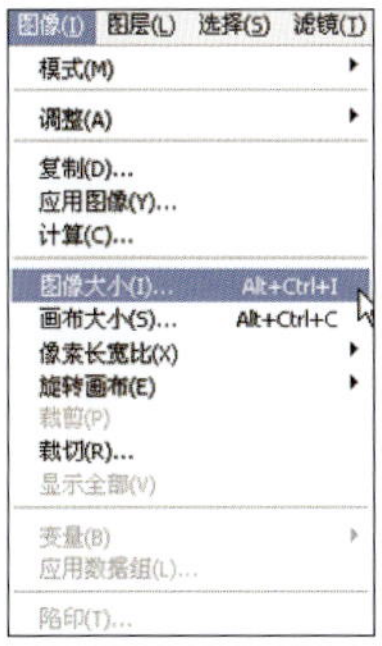

图2—6—2

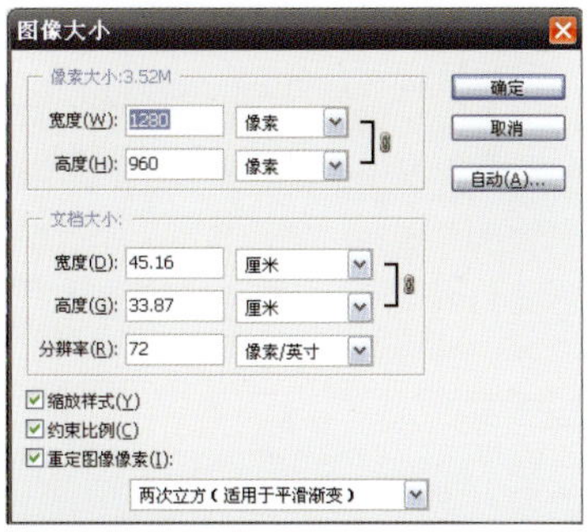

图2—6—3

3.修改图像大小为宽10厘米，高度7.5厘米。

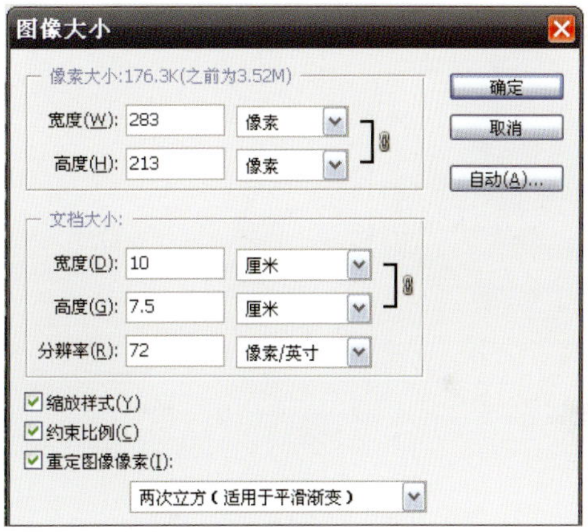

图2—6—4

修改结果如下图。

图2—6—5

4.接着我们修改图像的色彩模式。将RGB模式转成CMYK模式。

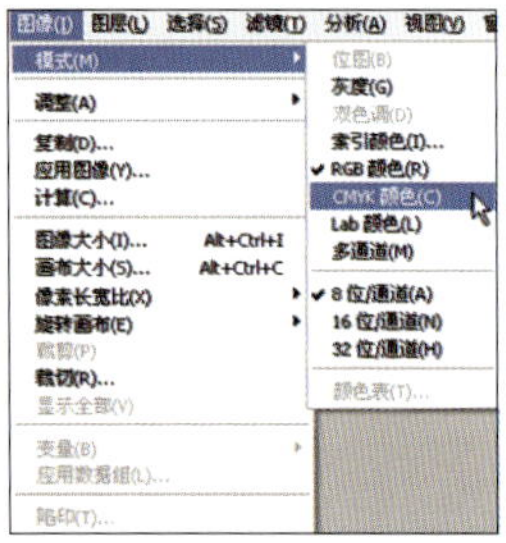

图2—6—6

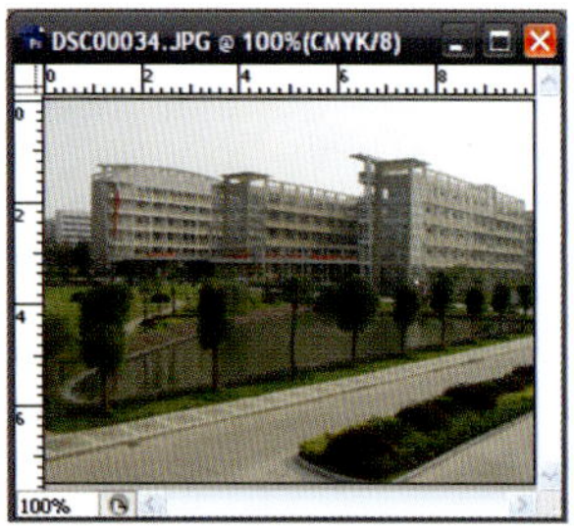

图2—6—7

分别拉出4根参考线。如图：

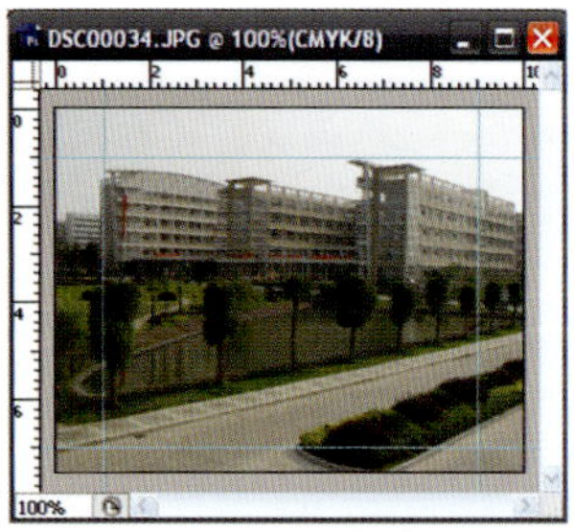

图2—6—8

点击[文件]/[存储]为，快捷键为“Shift+Ctrl+S”。

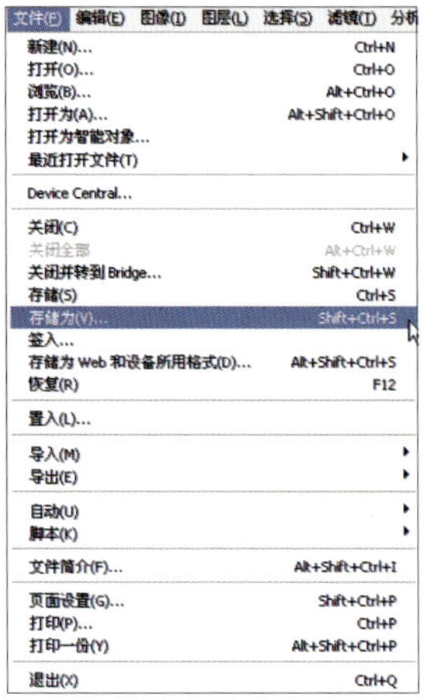

图2—6—9

选择合适的路径，修改文件名为“实例练习1”，点[保存]即可。

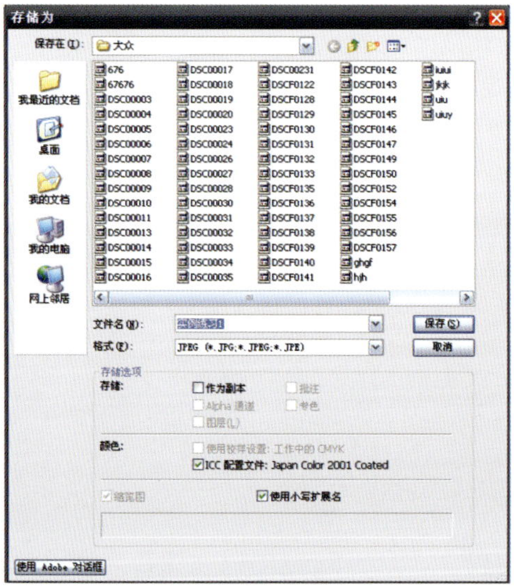

图2—6—10

图2—6—11

[复习参考题]

◎ 将任意一张JPG图片在Photoshop CS3中打开并转存为psd格式。

◎ 设计一张800×600像素的电脑桌面，存储为“桌面图片.jpg”。

第三章 选区的创建与编辑

本章重点

1.选框工具、套索工具，魔术棒工具的组成及创建要点。

2.选框工具、套索工具、魔术棒工具的编辑方法。

学习目标

让学生了解Photoshop CS选区工具的组成；掌握几种常见选区的创建与编辑技巧；能熟练运用这些技巧对图像进行编辑处理。

建议学时

6～8学时。

第三章　选区的创建与编辑

第一节 ///// 认识选区

在使用Adobe Photoshop设计和处理图像的过程中，我们会用到许多需要调整的特定区域，这里我们以Photoshop CS3为例，仔细讲讲各种选区的选择方法。

为了满足各种应用的需要，Photoshop CS3提供了三种选区工具：选框工具，套索工具，魔棒工具。这三种作为常用工具存在于工具箱中，如果在屏幕上看不到工具箱，选择[窗口]/[显示工具]。

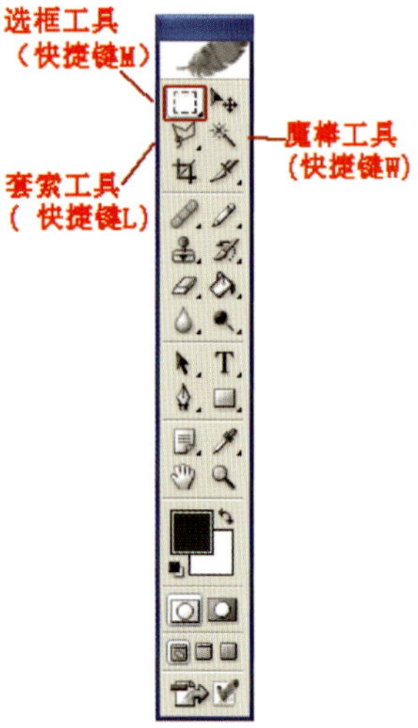

图3-1-1

一、[选框工具]

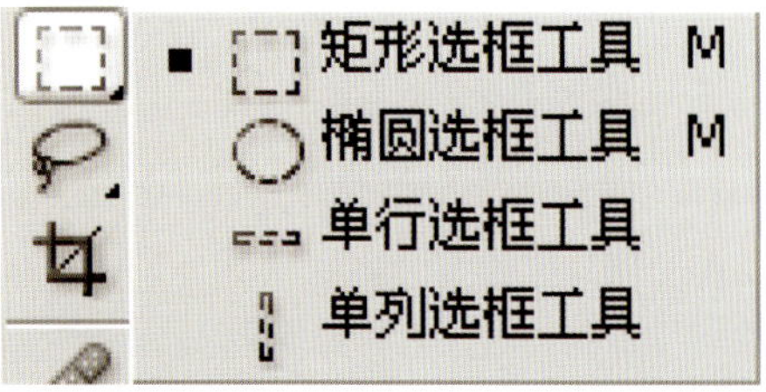

图3-1-2

选框工具包含四个按钮，平时只有被选择的一个为显示状态，其他的为隐藏状态，我们可以通过用鼠标右键单击来显示出所有的按钮(注：在按住Shift键的同时使用快捷键可以选择隐藏的按钮)。

各[选框工具]的功能如下：

矩形选框工具：制作矩形、正方形选取范围。

椭圆选框工具：制作椭圆形、圆形选取范围。

单行选框工具：制作横线选取范围。

单列选框工具：制作竖线选取范围。单行选框工具和单列选框工具可以分别选取一行或一列像素。

注：凡是选区工具选择的选区范围都是首尾相接的、闭合的区域，只不过单行选框工具和单列选框工具所选取的区域只有一个像素的宽度，所以选区看上去像一条虚线，但放大观看，它仍是一个闭合的区域。

注：按“Shift+M”键，可以在各选框工具之间进行切换。

图3-1-3

二、[套索工具]

[套索工具]可以制作任意曲线形状选区。

[多边形套索工具]可以通过鼠标的连续点击画出一个多边形选区。

[磁性套索工具]适用于快速选择边缘与背景对比强烈且边缘复杂的对象，因此有几个独有的选项设置，宽度决定磁性套索检测指针周围区域大小，边对比度

决定套索对图像边缘的灵敏度，较高的数值只检测与它们的环境对比鲜明的边缘，而较低的数值则检测低对比度边缘。最后的光笔压力选项是为拥有光笔绘图板的用户所设的。

注：按Shift+L键，可以在各套索工具间进行切换。

三、[魔术棒工具]

使用[魔术棒工具（Magic Wand Tool）]可以很方便地选取图像中颜色相同或相近的区域，其主要是进行范围的选取。

魔棒工具可以选择颜色一致的区域，而不必跟踪其轮廓。较低的容差值使魔棒选取颜色范围非常相似，而较高的容差值可以选择更宽的色彩范围。如果“连续的”按钮被选中，则容差范围内的所有相邻像素都被选中。若选中“用于所有图层”按钮，那么魔棒工具将在所有可如图层中选择颜色，否则只在当前图层中选择颜色。

四、[选框工具]和[套索工具]、[魔术棒工具]工具选项栏中各项参数的功能及设置方法

1.工具图标

新选区（New Selection）：快捷键—M键

添加到选区（Add to Selection）：快捷键—Shift键

从选区减去（Subtract from Selection）：快捷键—Alt键

与选区相交（Intersect with Selection）：快捷键—Shift+Alt键

从图3–1–4中我们可以看到所有的选区工具有一个共同点，就是不仅可以新建一个选区，而且还可以对新建选区与已有的选区进行并集(添加到选区)，差集(从选区减去)和交集(与选区交叉)的操作。

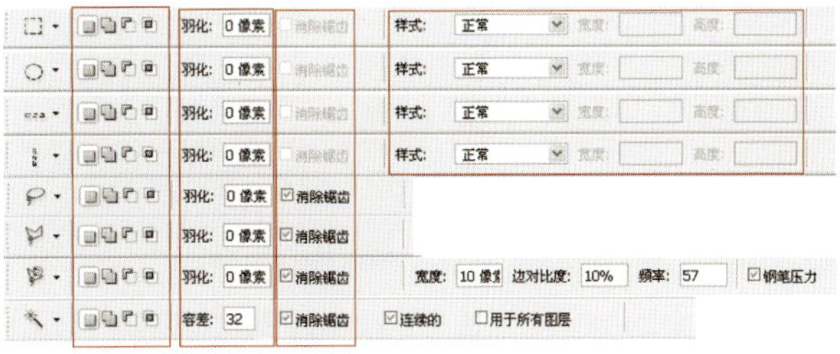

图3–1–4

2.羽化和消除锯齿

注：为了处理好选区边缘的效果，我们应该弄懂两个很重要的概念：羽化和消除锯齿。

[羽化]：快捷键为：Ctrl+Alt+D。是通过建立选区和选区周围像素之间的转换来模糊边缘，因此该模糊边缘将丢失选区边缘的一些细节，我们可以通过输入羽化值来控制选区羽化效果(如图3–1–5)。

图3–1–5

[消除锯齿]：是通过软化边缘像素与背景像素之间的颜色转换，使选区的锯齿状边缘平滑，因为只更改边缘像素，所以无细节丢失。

3.样式

我们可以对矩形选框工具和椭圆选框工具规定样式.当样式为正常时，可以随意建立选区；当样式为约束长宽比时，宽度和高度输入框被激活，可以通过输入数值来控制选区的长宽比；当样式为固定大小时，我们可以直接输入长度和宽度值来精确控制选区的尺寸（注：若先按住Alt键，创建的选区以鼠标落点为中心；若先按住Shift键，创建的选区为正方形或圆形）。

第二节 ///// 选区工具的使用

一、[矩形选框工具]的使用

[矩形选框工具]的具体操作如下：

1.在工具箱中单击[矩形选框工具]。

2.在[矩形选框工具]选项栏中设置各项参数。

3.普通选区：起点在选区一角，单击鼠标左键拖放。

4.普通选区：起点在中心，Alt+单击鼠标左键拖放。

5.正方形或正圆选区：起点在选区一角，Shift+单击鼠标左键拖放。

6.正方形或正圆选区：起点在中心，Alt+Shift+单击鼠标左键拖放。

二、[套索工具]的使用

具体操作如下：

1.在工具箱中单击[套索工具]按钮。

2.将鼠标移到图像窗口，单击鼠标并拖动到合适的位置释放。鼠标拖动过的轨迹为选区的边界。制作完成后的不规则选区，如图3-2-1所示。

图3–2–1

三、[多边形套索工具]的使用

1.在工具箱中选择[多边形套索工具]。

2.将鼠标移到图像窗口，单击定位选区的起始点。

3.移动鼠标到多边形的边角处单击，可在这两点之间出现连线。再在其他边角处单击，直到制作完选区边框，当鼠标回到起点位置时，光标右下角出现一个小圆圈，表示此时可以闭合选区，单击鼠标即可。如图3-2-2所示。

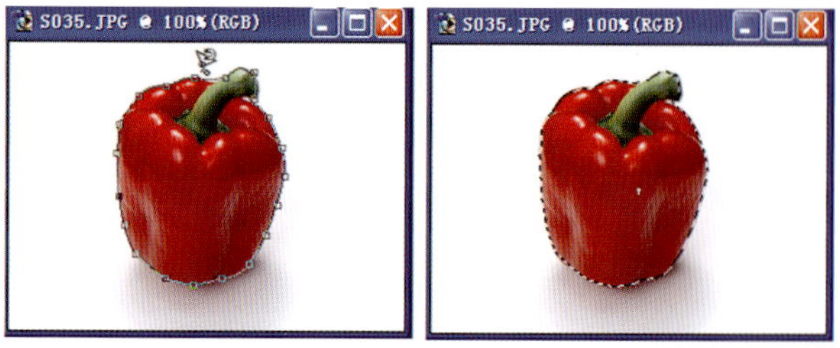

图3–2–2

四、[磁性套索工具]的使用

1.在工具箱中选择[磁性套索工具]。

2.将鼠标移到图像窗口中，在图中彩笔盒边缘处单击鼠标确定选区的起点。

3.沿着彩笔盒边缘移动鼠标，当回到起点位置时光标右下角出现一个小圆圈，单击鼠标闭合选区，软件会自动根据边界像素点的颜色与背景颜色的差别来添加节点，如图3-2-3所示。

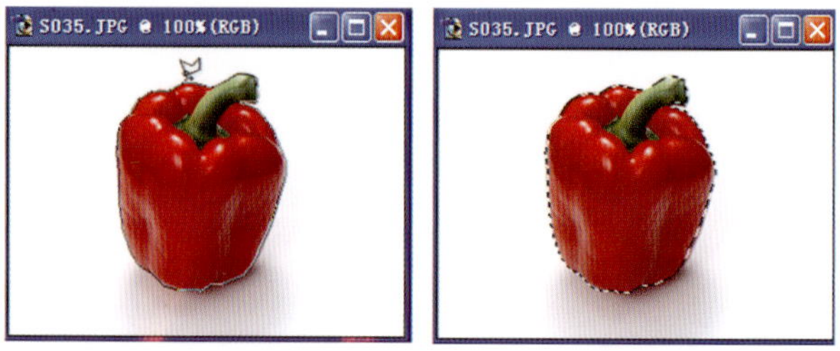

图3–2–3

五、[魔术棒工具]的使用

1.在工具箱中选择[魔术棒工具]。

2.根据需要，在工具选项栏中设置各项参数。

①选项栏中几个选项：新选区、添加到选区、从选区减去、与选区交叉。魔棒工具的光标会随选中的选项而变化，如左下角会添加“+、-、×”的小符号。

②对于“容差”，输入0到255之间的像素值。输入值小，则魔棒工具的选择范围会很小，只能选择与所点选的像素相同的颜色；输入值越大就可选择与所点选的像素相似的颜色，选择的色彩范围会更宽。

③若要使选区边缘变得更加平滑，在制作选区前选择“消除锯齿”。

④要使用相同的颜色或只选择相邻的区域，请选择“连续的”。否则，使用同一种颜色的所有像素都将被选中。

⑤处理图像时会出现很多的图层，要使用所有可如图层中的数据选择颜色，请选择“用于所有图层”，否则魔棒工具将只从当前图层中选择颜色。

3.在图像中点选所要的颜色，如果“连续的”已选中，则容差范围内的相邻像素会被选中，否则容差范围内的所有像素都将被选中。

4.在图像中用鼠标单击要选取的颜色即可。

5.根据需要，再利用[添加到选区]、[从选区中减去]、[与选区相交]等按钮来修改选区，制作出所需的选区。

6.快捷键配合使用：

①添加选区按“Shift”键，光标处左下角部分多了个“+”，用鼠标点击可添加区域。

②删减选区按“Alt”键，光标处左下角部分多了个“-”，用鼠标点击可删减区域。

注：在复杂的像素画面中，单使用魔棒工具有时会很不方便，可根据实际情况更换选区工具，但加选和减选的快捷键同上。选区工具的合理搭配使用可以缩短修图时间，提高效率的。

[复习参考题]

◎ 利用本章所介绍的[选框工具]，选取一个选区，并用[移动工具]或菜单命令，对其进行各种变形。

第四章 图像的绘制与编辑

本章重点

1.掌握画笔调板的使用方法，以及如何创建、编辑、删除和存储不同的画笔。

2.能够区分不同绘画、编辑工具的功能并可以正确使用各种绘画、编辑工具。

3.能够区分不同修饰工具的功能并能够正确使用各种修饰工具修饰图像。

4.了解并掌握图像的各种变形操作。

5.了解并掌握图像的自动化处理。

学习目标

让学生熟练地使用图像绘制工具来对图像进行编辑，并能够做出有创意的图形图像。

建议学时

4~6学时。

第四章　图像的绘制与编辑

第一节 ///// 认识基本绘图工具

Photoshop CS为用户提供了[画笔]工具、[铅笔]工具、[历史记录画笔]工具、[历史记录艺术画笔]工具、[油漆桶]工具和[渐变]工具6种与绘画有关的工具，利用这些工具可以绘画出各种美丽的图像。（如图4-1-1）

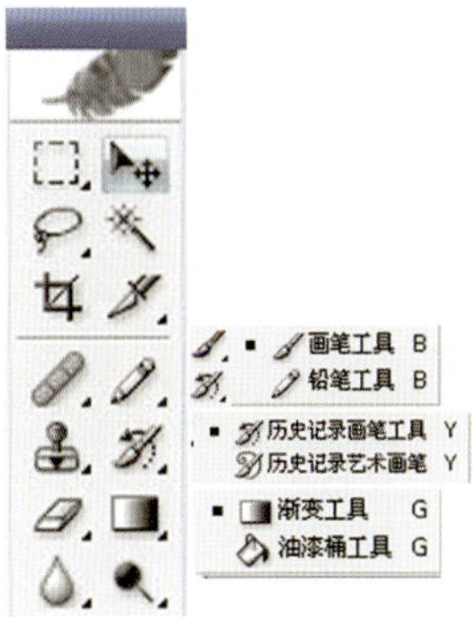

图4-1-1

第二节 ///// 基本绘图工具的使用

一、使用[画笔]工具组绘制图像

现在我们按下[B]从工具栏选择画笔工具，如果选中了铅笔就[Shift+B]切换到画笔。

然后按下[D]，它的作用是将颜色设置为默认的前景黑色、背景白色。也可以点击工具栏颜色区的默认按钮(如图4-2-1红色箭头处)。点击蓝色箭头处将交换前景和背景色，如果现在按下前景色将变为白色而背景色变为黑色，它的快捷键是[X]。

然后在公共栏点击如图4-2-1红色箭头处打开画笔预设，选择蓝色箭头处的项目即可。这样就选择了9像素大小的笔刷，模式选择正常，不透明度和流量都为100%。

也可以不通过预设，参照如图4-2-1直接把笔刷的主直径设为9像素。什么叫主直径呢？因为笔刷是一个圆，因此用圆的直径来表示笔刷的粗细。硬度的意义将在稍后的内容中介绍，现在先将硬度设为100%。

如果点击下中图绿色圆圈处之后没有出现蓝色箭头处的9像素笔刷选项，那么可能是你以前更改过画笔的预设。此时点击绿色箭头处的圆形三角按钮，在弹出的菜单中选择“复位画笔”，将出现如图4-2-1的询问框，点击“好”即可。以后如果出现画笔预设更改的情况，就可以通过这个方法来恢复。其他诸如样式、色板等调板的复位操作也与这个相同。(如图4-2-1)

现在我们需要画一个T字样的图形，该怎样画才可

图4-2-1

以保持直线呢？（如图4-2-2）

在绘制开始前按下Shift，并且在绘制过程中持续按住Shift键，就可以绘制一条水平或垂直的直线。注意要持续鼠标松开以后，再松开Shift。如果半途松开那么之后的绘制就无法保持直线了。垂直的线也是一样持续按住Shift绘制。

但如果大家第一笔横线方向是从左到右画完，然后按住Shift绘制第二笔竖线的时候，可能会出现下中图的效果，第一笔的终点和第二笔的起点被连接在一起了。这是因为Shift键在画笔上的另外一种用法导致的，要想避免这种情况，在完成第一笔之后，先切换到其他工具再切换回来即可。也可以在终点起点连接以后按“Ctrl+Alt+Z”撤销一步然后再画竖线。

按住Shift只能维持水平或者垂直的直线，如果要绘制任意角度的直线呢？可以先在起点处点击一下，然后先按住Shift再点击终点处，即可完成这两点间的直线连接。这也是上一个例子中出现错误的原因。连续按住Shift键点击即可连续绘制直线，而不需要每次都订起点和终点，因为第一条直线的终点同时也是第二条直线的起点。现在尝试把下右图的形状绘制出来。需要注意的是，如果画笔设定(教程后面内容中将会介绍)的间距选项没有开启，则无法通过此方法绘制直线。

图4-2-2

二、使用[历史记录画笔]工具和[历史记录艺术画笔]工具绘制图像

1.使用[历史记录画笔]工具绘制图像

①打开一张图像，执行[滤镜]/[模糊]/[径向模糊]命令。（如图4-2-3）

②参数设置如图4-2-4。效果如图4-2-5。

③单击工具箱中的[历史记录画笔]工具，设置其选项栏。（如图4-2-6）

④使用[历史记录画笔]工具在画面上涂抹，就可将

图4-2-6

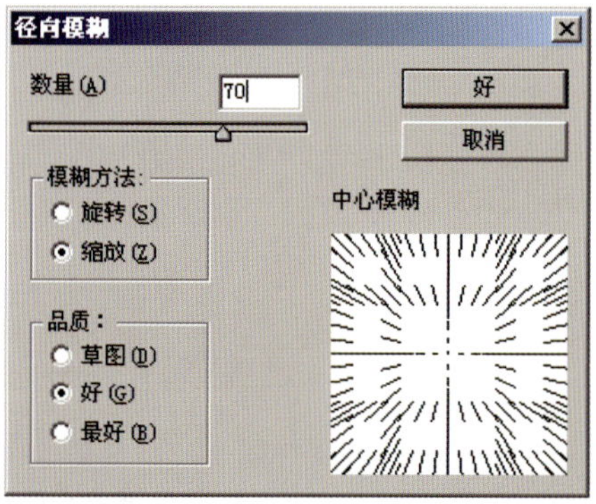

图4-2-4

图4-2-3

图4-2-5

涂抹过的图像恢复到[打开]这一步的状态，如图4–2–7所示。

图4–2–7

第三节 ///// 图像的编辑

图像修饰工具

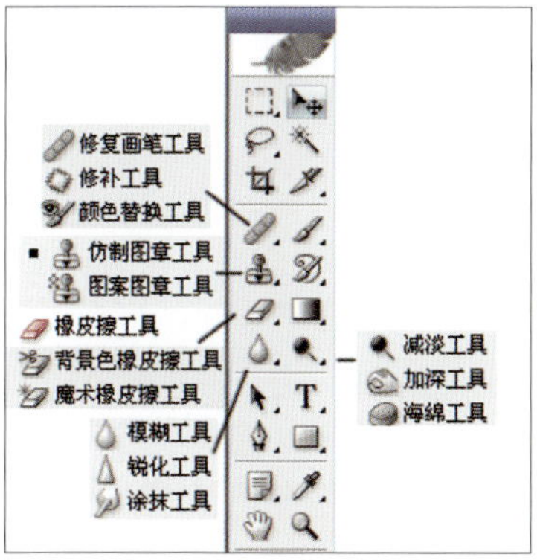

图4–3–1

一、使用[橡皮]工具组擦除图像

1.使用[橡皮擦]工具擦除图像

①选择[橡皮擦]工具

②设置选项栏中各选项

③擦除图像

擦除普通图层图像（如图4–3–2、4–3–3）

2.使用[历史记录艺术画笔]工具绘制图像如图4–2–8、4–2–9。

图4–2–8

图4–2–9

图4–3–2

图4–3–3

2.使用[魔术橡皮擦]工具擦除图像（如图4–3–4）

点击魔术橡皮擦对字体的黑色背景来做擦除。（如图4–3–5）

图4–3–4

图4–3–5

二、使用[仿制图章]工具修饰图像

①打开一幅图像，并在工具箱中单击图标，选中[仿制图章]工具。(如图4-3-6、4-3-7)

图4-3-6

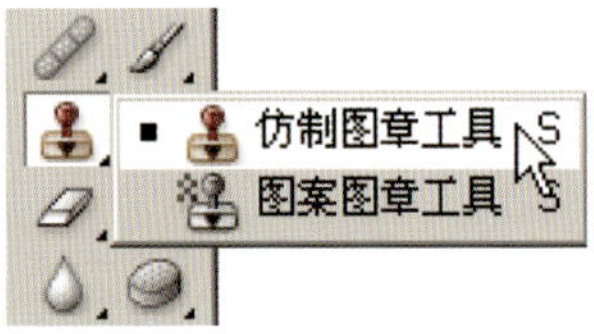

图4-3-7

②设置[仿制图章]工具的选项栏。

③单击[图层]调板中的按钮，新建一个图层，快捷键Ctrl+Shift+N，将克隆的物体复制在新建图层上，如图4-3-8所示。

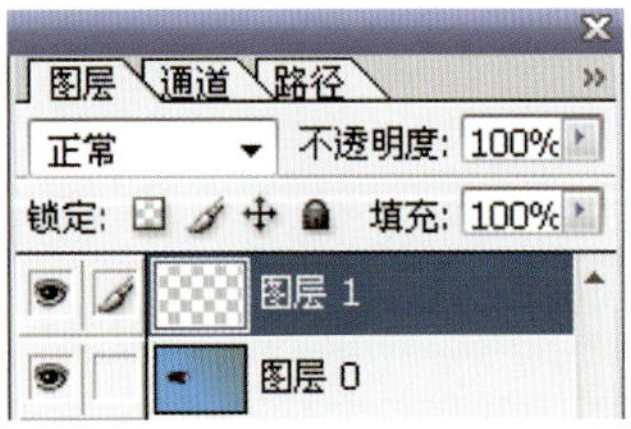

图4-3-8

④将鼠标移到想要复制的图像上，按住Alt键，这时光标变为形状。再单击鼠标选中复制起点开始涂抹。(如图4-3-9)

图4-3-9

三、使用[图案图章]工具修饰图像

①创建自定义图案，点击编辑菜单栏里的定义图案。

图4-3-10

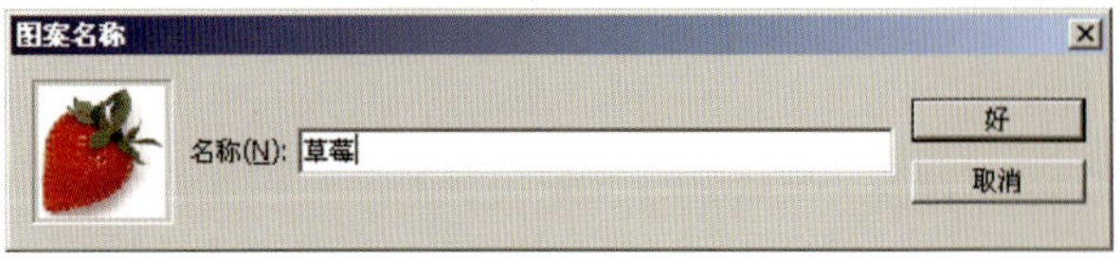

图4-3-11

②在工具箱中单击图标，选中[仿制图章]工具，并设置其选项栏。(如图4-3-12)

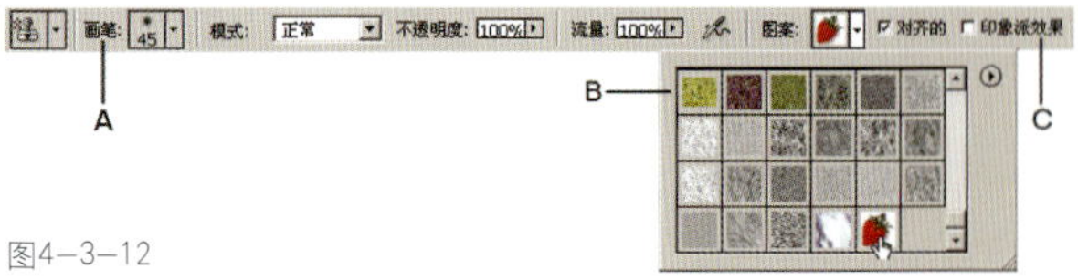

图4-3-12

③设置完成后，在画面上单击鼠标，在按住鼠标左键不放的情况下来回76Adobe Photoshop CS数字艺术中心标准教材

拖拽鼠标即可绘制图像。

图4-3-13

四、使用[修复画笔]工具修复图像

图4-3-14

①选择[修复画笔]工具。

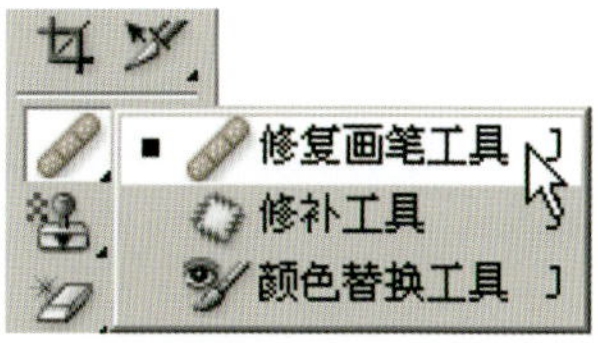

图4-3-15

②设置其选项栏中的各选项。

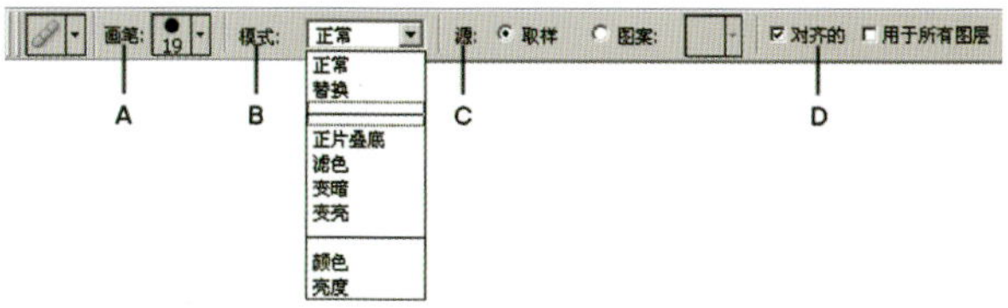

图4-3-16

③按住Alt吸取好的皮肤修复图像。

图4-3-17

图4-3-18

五、使用[修补]工具修补图像

图4-3-19

①选择[修补工具]。

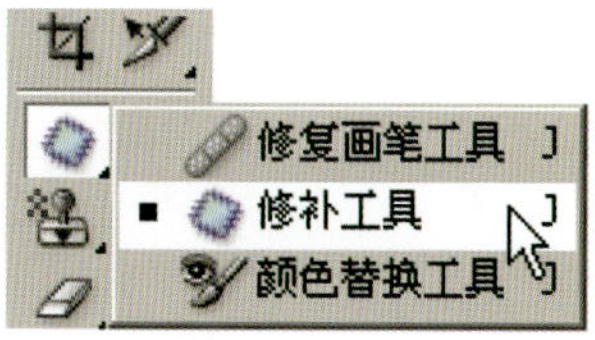

图4-3-20

②设置其选项栏中的各选项。

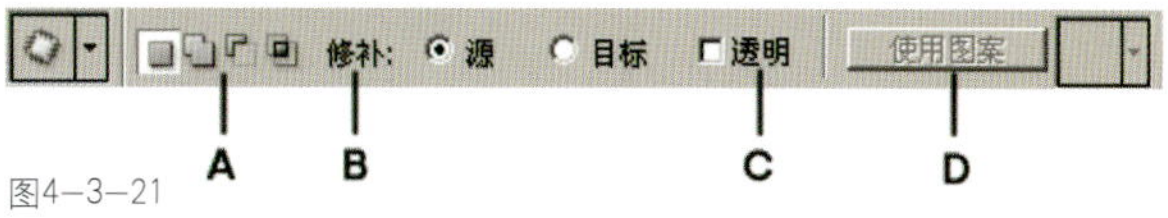

图4-3-21

③选定修补区域。

图4-3-22

④移动选区，修补图像。

图4—3—23

⑤取消选区，Ctrl+D。

图4—3—24

六、使用[颜色替换]工具修饰图像

图4—3—25

①选择[颜色替换工具]。

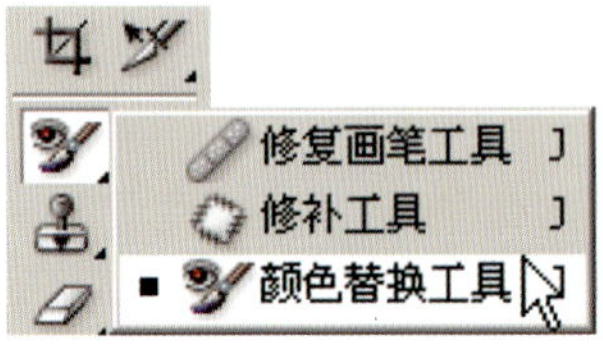

图4—3—26

②设置其选项栏的各选项。

图4—3—27

③设置将用来替换的颜色。

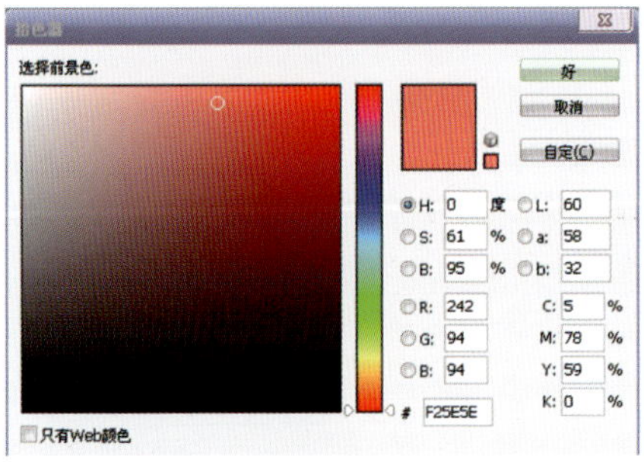

图4—3—28

④替换图像中的颜色。

图4—3—29

[复习参考题]

◎ 1.使用画笔工具组处理一组图像。

◎ 2.使用橡皮工具组处理一组图像。

◎ 3.使用图章工具组处理一组图像。

第五章 调整图像色彩

本章重点

1. 利用[图像]/[调整]各种命令调整图像的色调。
2. 利用[图像]/[调整]各种命令调整图像的颜色。

学习目标

通过学习，掌握调整图像色彩的各种方法的效果和作用，掌握图像调整菜单的各种命令。

建议学时

4学时。

第五章　调整图像色彩

第一节 ///// 自动调整色彩

我们平时处理图像时，经常碰到一些图像因环境影响而产生偏色或曝光不足等情况，对于初学者用Photoshop给数码照片调色的时候，最现成的方法就是“自动色阶”、“自动对比度”和“自动颜色”，多数情况下会帮助我们获得比较满意的图像效果。

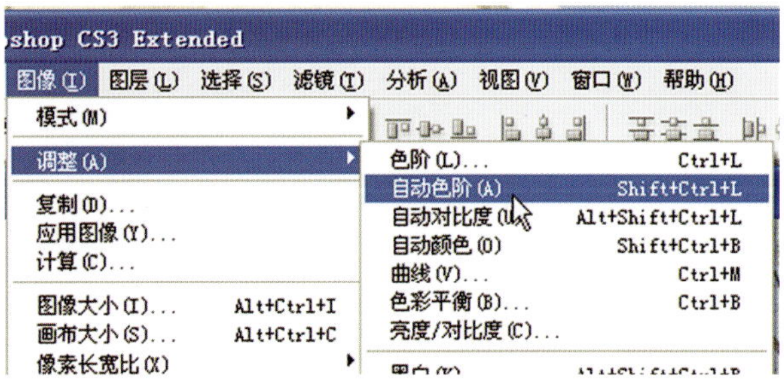

图5−1−1

一、自动色阶

[自动色阶]是将红色、绿色、蓝色3个通道的色阶分布扩展至全色阶范围。这种操作可以增加色彩对比度，但可能会引起图像偏色；简单来讲，就是自动纠正曝光不足或者过度的问题；缺点是：既然是自动的；所以可能会出现不一定是你想要的效果。

使用方法：

1.用鼠标选择[图像]/[调整]/[色阶]，然后单击[自动]按钮。

2.或用鼠标选择[图像]/[调整]/[自动色阶]。

3.[色阶]快捷键：Ctrl+L；[自动色阶]快捷键：Ctrl+Shift+L。（如图5−1−1）

二、自动对比度

[自动对比度]是以RGB综合通道作为依据来扩展色阶的，因此增加色彩对比度的同时不会产生偏色现象。也正因为如此，在大多数情况下，颜色对比度的增加效果不如自动色阶来得显著。

使用方法：

1.用鼠标选择[图像]/[调整]/[自动对比度]，然后单击[自动]按钮。

2.[自动对比度]快捷键：Ctrl+Shift+Alt+L。

三、自动颜色

[自动颜色]命令通过搜索实际图像来调整图像的对比度和颜色。它根据在“自动校正选项”对话框中设置的值来中和中间调并剪切白色和黑色像素。

使用方法：

用鼠标选择[图像]/[调整]/[自动颜色]，快捷键：Shift+Ctrl+B。

第二节 ///// 手动精细调整色彩

一、色阶

利用[色阶]可调整图像各通道的影调，即明暗、层次和反差。选取菜单中的[图像]/[调整]/[色阶]命令，可进入[色阶]命令对话框。（如图5−2−1）

★[通道]选项：可选择所需调整的通道，如：RGB

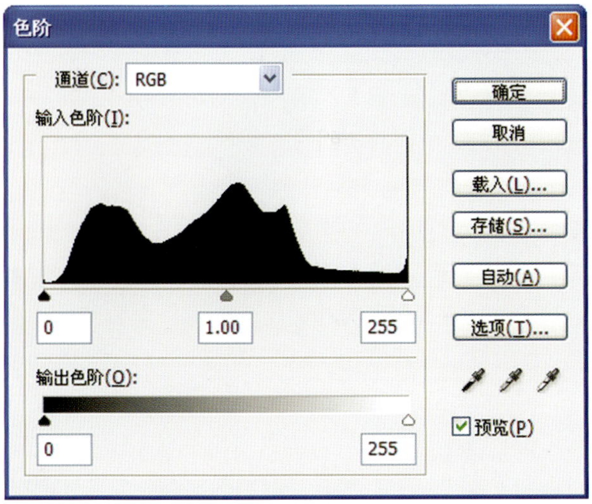

图5-2-1　Photoshop色阶对话框

模式有RGB混合通道、红色通道、绿色通道和蓝色通道；CMYK模式有CMYK通道、青色通道、洋红通道、黄色通道和黑色通道。总而言之，不同的色彩模式其色彩通道不同。

★[输入色阶]选项：此选项可以通过设置暗色调、中间色调和亮色调的色调值来调整图像的色调和对比度。如下图所示，可将输入色阶图看做带X轴和Y轴的坐标图，水平X轴方向代表绝对亮度范围，从0至255。竖直Y轴方向代表像素的数量。Y轴有时并不能完全反映像素数量。并且色阶工具中没有统计数据显示。（如图5-2-2）

如图5-2-3所示，在输入色阶中注意下面有黑

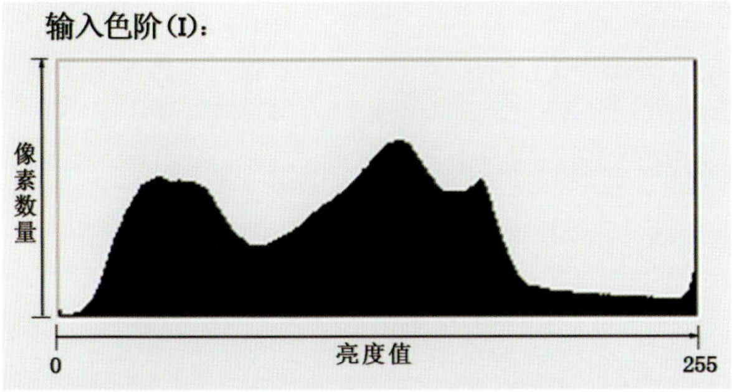

图5-2-2 认识色阶坐标

色、灰色和白色3个小箭头(图中1、2、3处)，它们的位置对应“输入色阶”中的三个数值(图中a、b、c处)。

其中黑色箭头代表最低亮度，就是纯黑，也就是

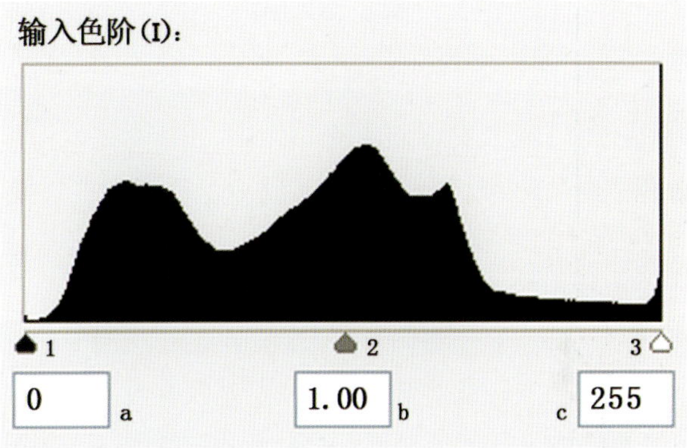

图5-2-3 色阶滑块与数值输入

通常所说的黑场，白色箭头就是纯白，也就是白场，而灰色的箭头就是中间调。将白色箭头往左拉动，图中“C”处的数值就会相应减少，此时图像就会变亮，也就是说从“C”处的数值至255 这一段的亮度都被合并了，因为白色箭头代表纯白，因此“C”处它所在的地方就必须提升到255，之后的亮度也都统一停留在255上。简而言之，调整数值框中的数值或改变小三角符号的位置都可以调整图像的明暗和对比度。

★[输出色阶]

位于下方的输出色阶，就是控制图像中最高和最低的亮度数值。如果将输出色阶的白色箭头移至200，那么就代表图像中最亮的像素就是200亮度。如果将黑色的箭头移至60，就代表图像中最暗的像素是60亮度。

★[载入(L)...]按钮：单击可载入已保存的色阶。

★[存储(S)...]按钮：单击可保存当前调整的色阶。

★[自动(A)]按钮：单击可对图像的色阶自动调整。

★[选项(T)...]按钮：单击可弹出[自动颜色校正]选

项对话框，在此对话框中，可改变每一个通道的颜色的对比度等设置。

二、曲线

[曲线]是Photoshop中最常用到的调整工具，理解了曲线就能触类旁通很多其他色彩调整命令。利用[曲线]可调整图像各通道的影调，即明暗层次和反差。选取菜单中的[图像]/[调整]/[曲线]命令，可进入[曲线]命令对话框，[曲线]对话框中有一条对角线，通过弯曲这条曲线可以调整图像的色阶，曲线横轴代表图像的输入值，即原图像的色阶值；曲线纵轴代表图像的输出值，即改变图像色阶后的新值，在没有改动的情况下，输入值和输出值相同，呈45度角的直线。（如图5—2—4）

★[预设]选项：Photoshop中一些曲线调整的预设，如：中对比度、反蚀、增加对比度、强对比度、彩色负片、线性对比度等等。

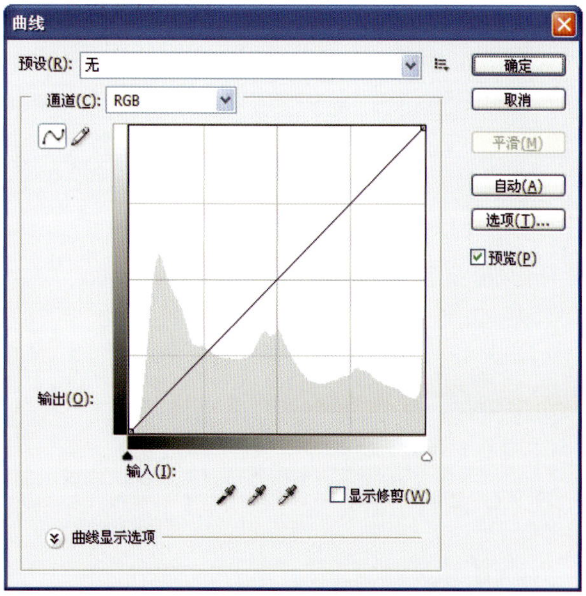

图5—2—4 Photoshop曲线对话框

★[通道]选项：可选择所需调整的通道，不同的色彩模式其色彩通道不同。

★ [曲线/铅笔图标] 选项：默认为前面的曲线选项，但也可以选择后一项铅笔在曲线区域中自由绘制。

★ [自动(A)] 按钮：单击可对图像的色阶自动调整。

★ [选项(T)...] 按钮：单击可弹出[自动颜色校正]选项对话框，在此对话框中，可改变每一个通道的颜色的对比度等设置。

提示：

★ [取消] 按钮：在通常情况下它是取消本次操作，并关闭对话框，当只要取消操作而不想关闭对话框时可按下“Alt”键，此时的“取消”就会变成“重置”，点击“重置”就可以取消当前操作而不关闭对话框。

★曲线中的控制点如果需要清除，只需要把鼠标移到这个点上并按下鼠标左键不松开拖到曲线框外即可。

★Photoshop的曲线调整基本技巧：一个点改变影调明暗；两个点控制图像反差；三个点提高暗部层次；四个点产生色调分离。

图5—2—5 Photoshop曲线调图原图

图5–2–6　在曲线中间位置创建一个控制点，并将这个控制点往上移动对比可如图像变亮

图5–2–7　在曲线中间位置创建一个控制点，并将这个控制点往下移动对比可如图像变暗

图5–2–8　在曲线中心点两侧各创建一点，分别向下和向上移动，如上图呈“S”形则降低图像影调的反差

图5–2–9　在曲线中创建三个点，中间的点不动，两侧的点分别向上移动一点儿，呈“M”形，这样会丰富图像暗部的层次，尤其适合于大面积暗调的图像

图5–2–10　在曲线上创建四个控制点，分别交错拉开，可使图像色彩产生强烈的、奇异变化

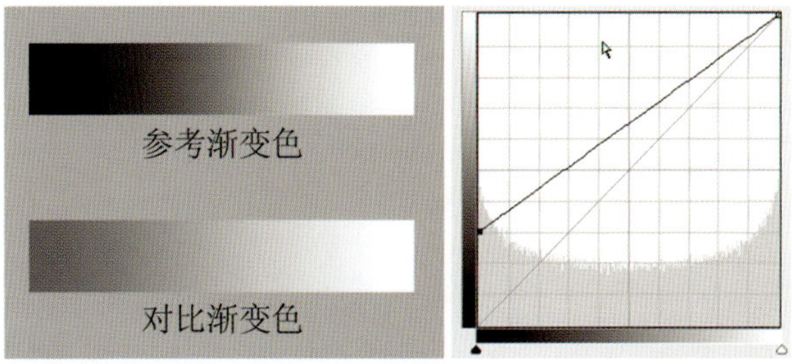

图5–2–11　在曲线上左下角的控制点往上移，可见对比渐变色中黑色变灰

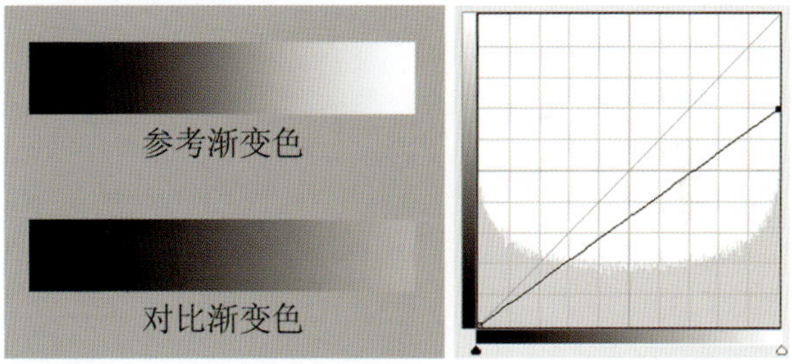

图5–2–12　在曲线上右上角的控制点往下移，可见对比渐变色中白色变灰

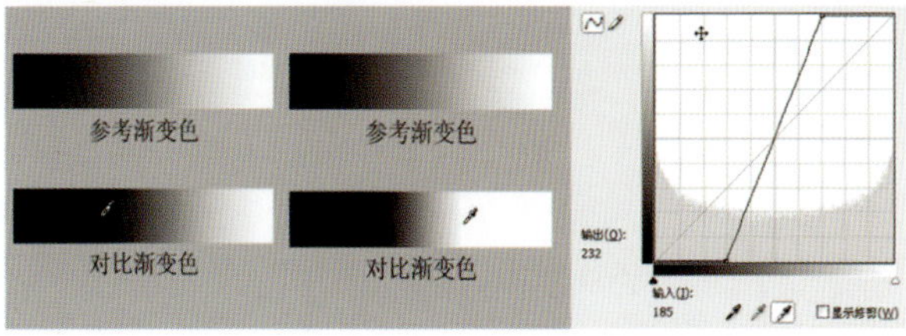

图5–2–13　上图中左边的对比渐变色是用曲线中黑色吸管点击所得效果（点击处变黑），中间图是用白色吸管点击所得效果（点击处变白），右边这曲线图

三、色彩平衡

[色彩平衡]命令可在图像中混合各种色彩，以增加色彩均衡效果，可对一般化的色彩进行校正。选取菜单中的[图像]/[调整]/[色彩平衡]命令，可进入[色彩平衡]命令对话框。（如图5-2-14）

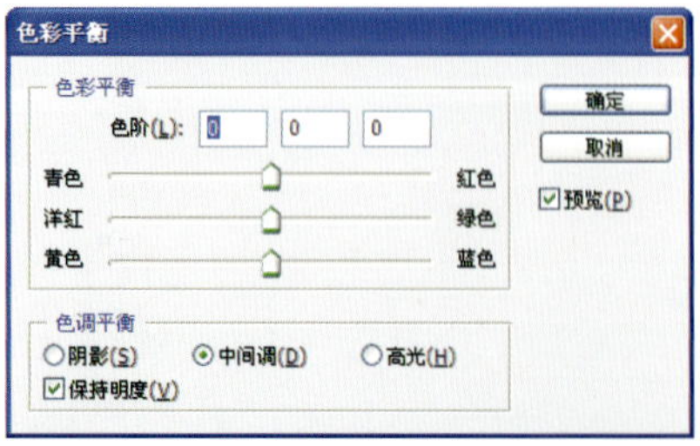

图5-2-14 Photoshop
色彩平衡对话框

★[色彩平衡]选项：可以随意在[色阶]后面的窗口中输入从“-100”到“+100”的数值，或调整下面的3个小滑块来对图像的颜色进行调整。

★[色彩平衡]选项：在此选项中包括[暗调]、[中间调]和[高光]3个选项，可以通过选择不同的选项对图像进行调整。

★[保持明度]选项：勾选此选项，对RGB模式的图像进行调整时可以保持图像的亮度不变。

提示：

★色彩平衡中的3个色彩平衡滑杆，是色彩原理中的反转色：红对青，绿对洋红，蓝对黄。属于反转色的两种颜色不可能同时增加或减少。

★在调整图像的颜色时最好先分清要调整的颜色，然后再到此对话框中对其进行减色或补色。

四、亮度/对比度

使用[亮度／对比度]命令，可以对图像的亮度或者对比度进行简单的调整。选择菜单[图像]/[调整]/[亮度／对比度]命令，打开[亮度／对比度]对话框（如下图）。上下两个滑块向左拖移降低图像的亮度和对比度，向右拖移增加图像的亮度和对比度。亮度滑块中间默认值为“0”向左最小值为“-150”向右最大值为“+150”；对比度滑块中间默认值为“0”向左最小值为“-50”向右最大值为“+100”。（如图5-2-15）

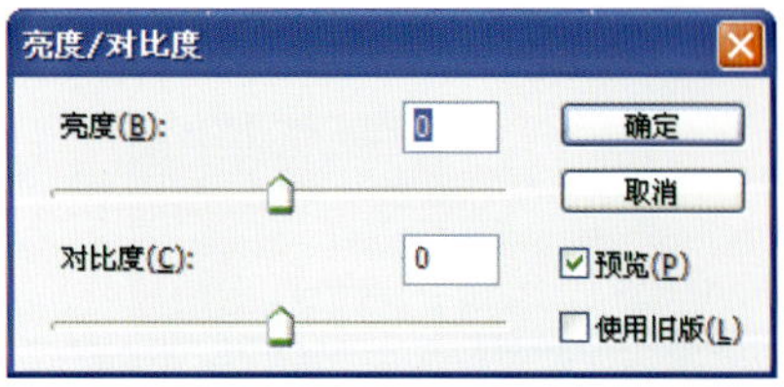

图5-2-15 Photoshop
亮度/对比度对话框

五、色相/饱和度

[色相／饱和度]命令可以调整图像或图像中单个色彩像素的色调、饱和度和亮度值。选择菜单[图像]/[调

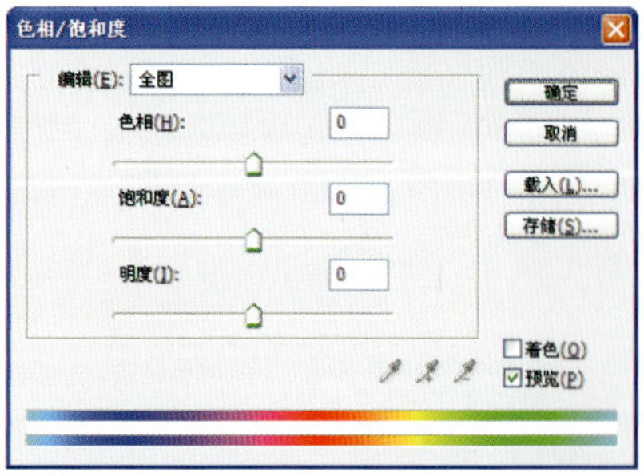

图5-2-16 Photoshop
色相/饱和度对话框

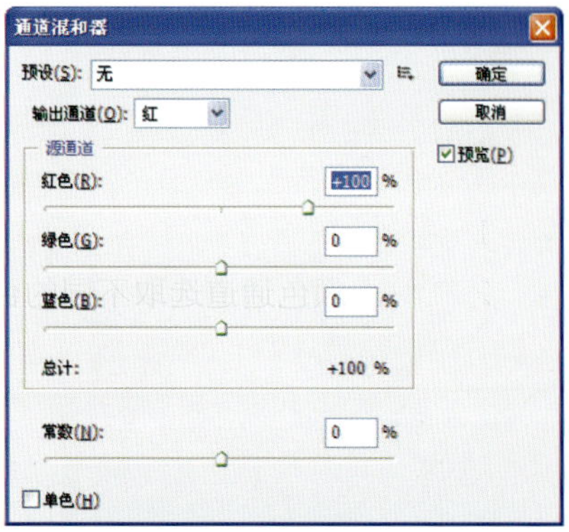

图5-2-17 Photoshop
通道混合器对话框

图5-2-18 Photoshop
渐变映射对话框

整]/[色相／饱和度]命令，打开[色相／饱和度]对话框。（如图5-2-16）

★[编辑]选项：是图像调整范围的可选项，[全图]为调整整个图像的色调、饱和度和亮度；选择红色、黄色、绿色、青色、蓝色和洋红各单色选项时，可以对所选的单个颜色进行调整。

★[色相]选项：指颜色。可在数值框中输入数值法和直接拖动滑块法进行数值的调整。

★[饱和度]选项：颜色的纯度，颜色越纯，其饱和度越大。

★[明度]选项：颜色的明暗度，当数值为“-100”时为黑色，“+100”时为白色。

★[吸管]选项：当在[编辑]选项中选择单色时，此工具才可使用。

★[着色]选项：勾选此项可以对灰度图像进行上色，也可创作图像的单色调效果。

六、通道混合器

[通道混合器]在某些通道缺乏颜色资讯时可以对图像作大幅度校正，这是其他调节工具所不能实现的。选择菜单[图像]/[调整]/[通道混合器]命令，打开[通道混合器]对话框。（如图5-2-17）

提示：

1.使用该命令，可以对偏色现象作色彩的校正。

2.从每个颜色通道选取不同的百分比创建高品质的灰度图像。

3.创建高品质带色调的彩色图像。

★[预设]选项：在此处可选择系统预设的一些模式。

★[输出通道]选项：在此选项中可以选择需要混合的颜色通道。

★[源通道]选项：可以通过改变红、绿、蓝3种颜色的数值将其混合到所选择的颜色通道中，其右侧窗口中的数值决定了输出通道中所含该颜色的数量。

★[常数]选项：该选项将一个具有不同不透明度的通道添加到输出通道。负值相当于添加黑色通道，正值相当于添加白色通道。

★[单色]选项：如果要想得到灰度图，选择[单色]将相同的设置应用于所有输出通道，创建只包含灰色值的彩色图像。在将要转换为灰度的图像中，可分别调节各源通道与形成灰色的比例。如果先选择再取消选择[单色]选项，可以单独修改每个通道的混合，从而创建一种特殊色调的图像。

七、渐变映射

Photoshop的[渐变映射]命令可以将相等的图像灰度范围映射到指定的渐变填充色，比如指定双色渐变填充，在图像中的阴影映射到渐变填充的一个端点颜色，高光映射到另一个端点颜色，而中间调映射到两个端点颜色之间的渐变。

选择菜单[图像]/ [调整]/ [渐变映射]命令，打开[渐变映射]对话框。（如图5-2-18）

★[灰度映射所用的渐变]选项：是反映图像的映射情况，在这里呈现的是黑白色，当然也可以编辑其他色，如果要编辑其他颜色只要点击渐变条即可进入编辑器，也可以点击渐变条后面的向下“三角形”可选择预设的效果。

★[渐变编辑器]选项：是用于编辑渐变条的编辑工具。（如图5-2-19）

★[预设]选项：此项为预设效果的选择。

★[名称]选项：为效果名称。

★[渐变类型]选项：有实底和杂色两项，默认为实底。

★[平滑度]选项：为颜色色阶的光滑程度。

★[色标]选项：颜色可以自由确定，其属性可通过“色标”选项进行设置。

图5-2-19 Photoshop渐变映射编辑器对话框

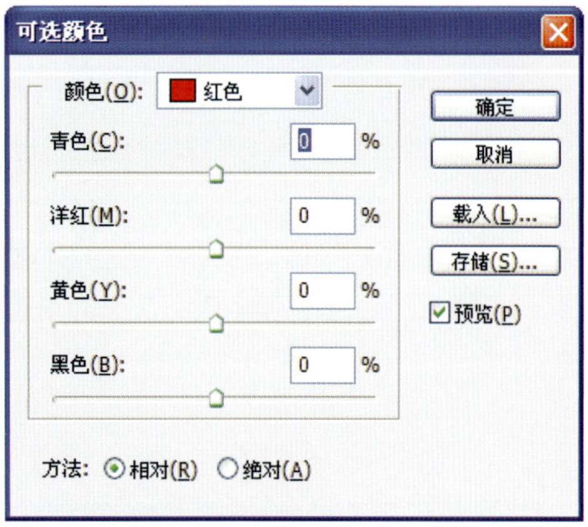

图5-2-20 Photoshop可选颜色对话框

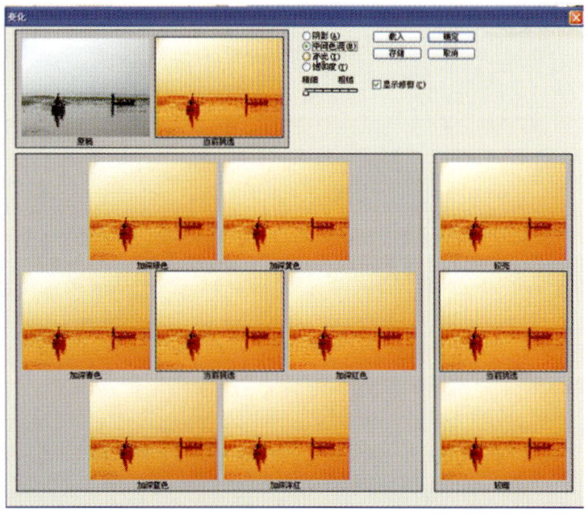
图5-2-21 Photoshop变化对话框

八、可选颜色

[可选颜色]命令可以对图像中限定颜色区域中的各像素中的青、洋红、黄、黑四色进行调整，从而不影响其他颜色（非限定颜色区域）的表现，也就是说在你选择什么颜色进行调整的时候，它就只会通过这四色对选中的颜色进行调整，而且不会影响到其他颜色。

选择菜单[图像]/[调整]/[可选颜色]命令，打开[可选颜色]对话框。（如图5-2-20）

★[颜色]选项：下拉框中选择“含有该种颜色的限定范围”。之后调整在上述范围内的各单色数量。

★[方法]选项：

1.相对，按照总量的百分比；

2.绝对，输入一个确定数值，“绝对”按绝对值调整颜色。

九、色调分离

[色调分离]命令可以指定图像中每个通道的色调级或亮度值的数目，并将这些像素映射为最接近的匹配色调。

十、变化

利用[变化]命令可以调整图像或选择区域内图像的色彩、亮度、对比度和饱和度，选取[变化]选项。（如图5-2-21）

提示：

在[变化]对话框中通过单击各个颜色缩略图来对图像或选择区域内的图像进行调节，其直观性强，但该命令不能用于索引模式的图像。

[变化]对话框中会保留上次的调整，如果要重新对图像进行调整，需要在[变化]对话框中，先单击一下[原稿]。

对话框中各选项的含义如下：

★[原稿]缩略图和[当前挑选]缩略图：位于对话框顶部，[原稿]缩略图显示原始图像；[当前挑选]缩略图显示当前所选图像调整后的效果。它随着一步步的调整而发生变化。

★[阴影]：单击此单选按钮后，将对图像中的阴影区域进行调整。

★[中间色调]：单击此单选按钮后，将对图像中的中间色调区域进行调整。

★[高光]：单击此单选按钮后，将对图像中的高光部分进行调整。

★[饱和度]：单击此单选按钮后，可以对图像的饱和度进行调整。

★[精细和粗糙]：代表图像调整的数量，滑块在精细一侧，每次点按调整的幅度小，反之则大。

★[显示修剪]：勾选此项，当调整效果超出了最大的颜色饱合度时，相应区域将以霓虹灯效果显示，提醒用户应该降低饱和度。当选择[中间色调]选项时，不会出现霓虹灯效果。

★左侧的缩略图显示了调整后的图像和调整颜色的效果；右侧的3个缩略图用于显示调整后的图像以及图像的明暗度。

第三节 ///// 实例制作

一、自动调整色彩应用实例

任务目标：

利用[图像]/[调整]/[自动颜色]、[自动对比度]、[自动色阶]命令对曝光存在缺陷的素材进行色调的调整。

解题思路：

利用[图像]/[调整]/[自动颜色]、[自动对比度]、[自动色阶]命令进行效果处理，对比效果如图5–3–1。

图5–3–1 自动调整色彩调整前后的对比图

二、色彩平衡应用实例——黑白照片彩色化

任务目标：

利用[图像]/[调整]/[色彩平衡]命令进行色彩的调整，原图像效果如图5–3–2，最终效果如图5–3–3。

解题思路：

利用[图像]/[调整]/[色彩平衡]命令将黑白照片处理成彩色照片。

操作步骤：

（1）按“Ctrl+O”快捷键，弹出打开对话框，

图5–3–2 色彩平衡调整前的图像

图5–3–3 色彩平衡调整后的图像

选择原文件。（如图5–3–4）

（2）将图像中女孩的脸、手等有皮肤的区域选取。

（3）用[图像]/[调整]/[色彩平衡]命令对皮肤选区进行颜色修改（如图5–3–5），完成后点“确定”，并将图像中的衣服选取。（如图5–3–6）

图5–3–4

图5–3–6

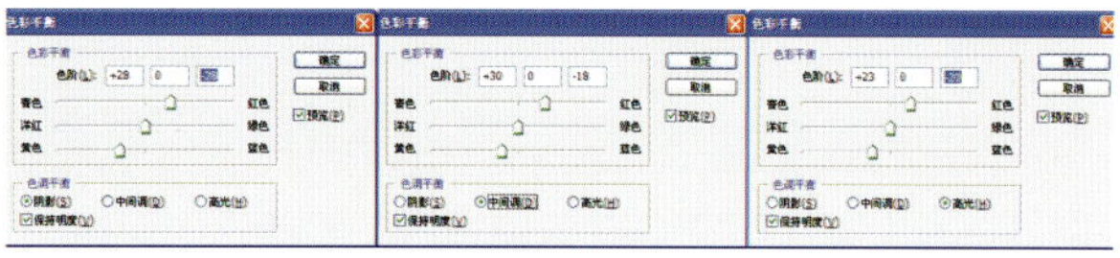

图5–3–5

（4）用[图像]/[调整]/[色彩平衡]命令对衣服的颜色进行修改（如图5–3–7），完成后点确定，并将图像中的头巾选取。（如图5–3–8）

（5）用上面同样的方式修改头巾（如图5–3–9），效果如图5–3–10。

（6）对头发用同样的方式进行修改，最后完成稿如图5–3–11。

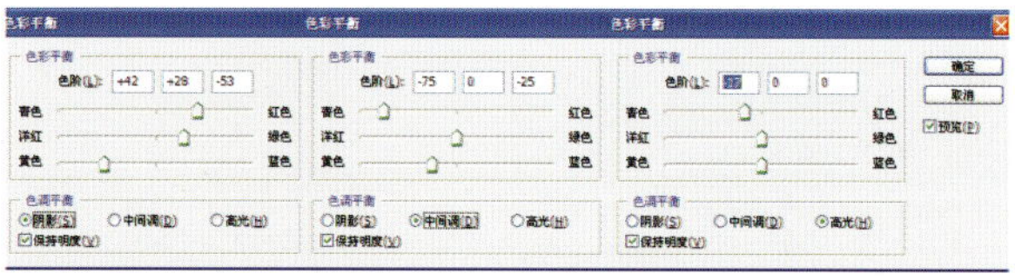

图5–3–7

图5–3–8

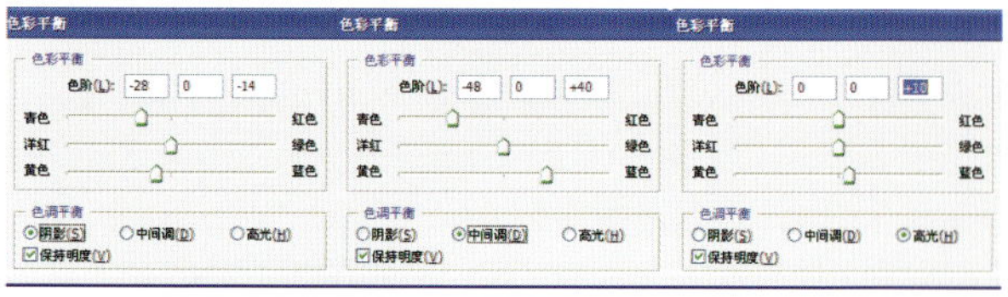

图5–3–9

图5–3–10

图5–3–11

三、变化命令应用实例

任务目标：

利用[图像]/[调整]/[变化]命令进行色调的变化调整，如图5–3–12，最终效果如图5–3–13所示。

图5–3–12　Photoshop变化命令修改前的图像

图5–3–13　Photoshop变化命令修改后的图像

解题思路：

（1）将原始素材打开并将素材复制一个图层；

（2）利用[图像]/[调整]/[变化]命令将复制的层进行效果处理；

（3）利用[图层混合模式]/[颜色]进行图层叠加。

操作步骤：

（1）按“Ctrl+O”快捷键，弹出打开对话框，选择“出海.jpg”图像素材，如图5–3–14所示。

图5–3–14

（2）用鼠标拖动“出海.jpg”至“创建新图层”命令，复制得到图层副本，如图5–3–15所示。

图5–3–15

（3）选择[图像]/[调整]/[变化]命令，打开[变化]对话框，如图5–3–16、5–3–17所示。

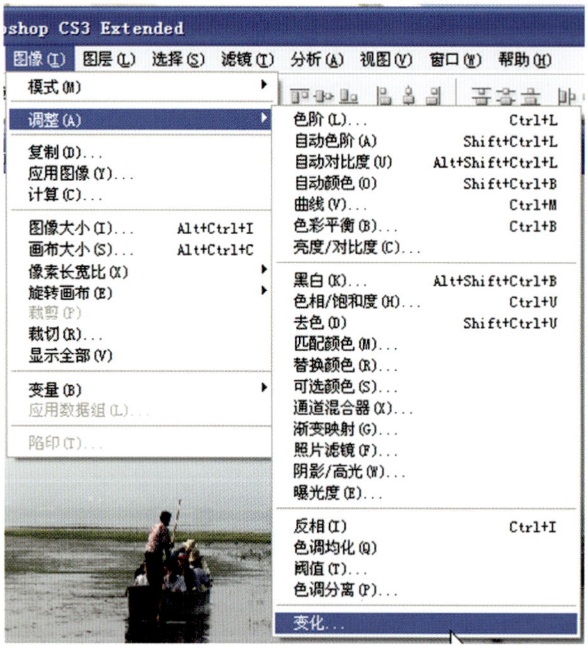

图5—3—16

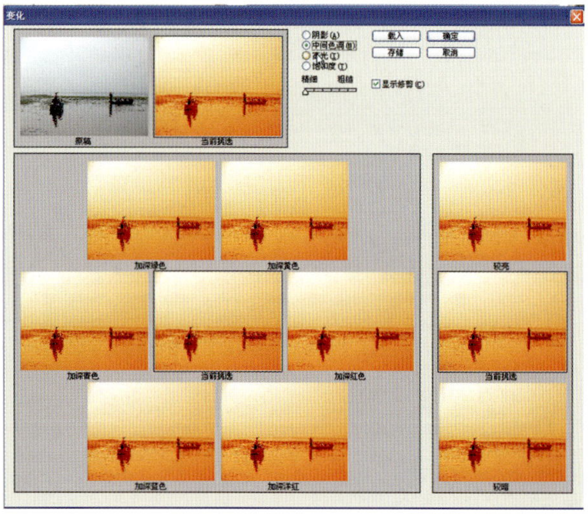
图5—3—17

(4) 按自己的需要进行色彩的调整，调整好后点确定。

(5) 把背景副本与背景层利用[图层混合模式]/[颜色]进行图层叠加。

(6) 最终效果如图5—3—18所示。

图5—3—18

[复习参考题]

◎ 一、名词

色相、饱和度、亮度、色阶、曲线

◎ 二、简答

1.色阶和曲线的工作原理是什么？它们是怎样调整图像色彩的？

2.打开一幅RGB图像，试用不同的色彩调节命令，体会它们所能达到的效果。

第六章　路径的操作

本章重点 »

1. 掌握路径的操作方法及要点；
2. 能利用路径进行编辑图像。

学习目标 »

让学生通过案例操作掌握路径的相关操作，并能熟练运用路径工具进行图像编辑。

建议学时 »

6~8学时。

第六章　路径的操作

路径是由一个或多个路径组件（由段连接起来的一个或多个锚点的集合）组成。路径占用的磁盘空间比基于像素的数据要少，因此可用于简单蒙版的长期存储。路径还可用于剪切部分图像，以导出到图示或页面排版应用程序中。

第一节 ///// 认识路径

在Photoshop中，路径用于建立选区并定义图像的区域。形状的轮廓是路径。路径由一个或多个直线段或曲线段组成。每一段都由多个锚点标记，锚点的工作方式类似于将电线固定就位的线卡。通过编辑路径的锚点，您可以很方便地改变路径的形状。[路径]调板对于管理路径也有很大的帮助。但是路径不能在ImageReady中使用。路径属性栏如图6-1-1所示。

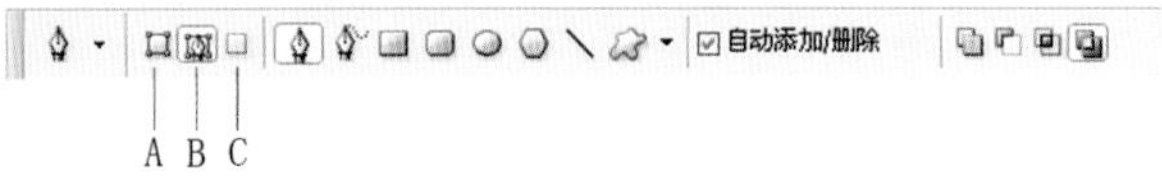

绘图选项：A.形状图层　B.路径　C.填充像素

图6-1-1

工作路径是出现在路径调板中的临时路径，用于定义形状的轮廓。通常情况下，可以用以下几种常见的方式使用路径：

★可以用路径作为矢量蒙版来隐藏图层区域。

★可以将路径转换为选区。

★可以编辑路径以更改其形状。

★将图像导出到页面排版或矢量编辑程序时，可以将已存储的路径指定为剪贴路径以使图像的一部分变得透明。

关于路径中的锚点、方向线、方向点和组件

路径中的“锚点”标记路径段的端点。在曲线段上，每个选中的锚点显示一条或两条方向线，方向线以“方向点”结束。方向线和方向点的位置决定曲线段的大小和形状，移动这些图素将改变路径中曲线的形状。（如图6-1-2）

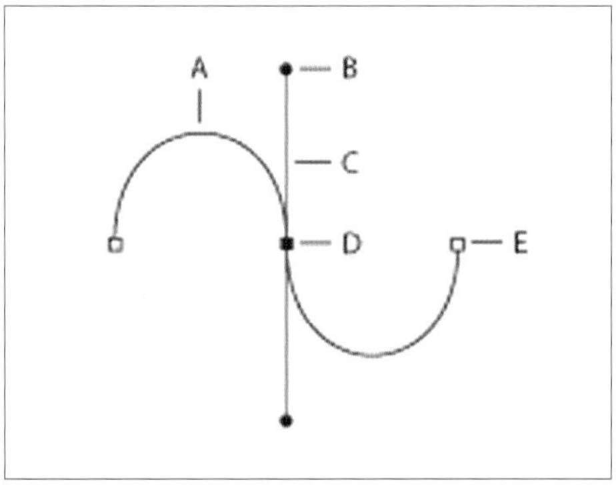

图6-1-2

路径：A.曲线段　B.方向点　C.方向线　D.选中的锚点　E.未选中的锚点

路径可以是闭合的，没有起点或终点（例如圆），也可以是开放的，有明显的终点（例如线）。平滑曲线由名为“平滑点”的锚点连接。锐化曲线路径由“角点”连接。（如图6-1-3）

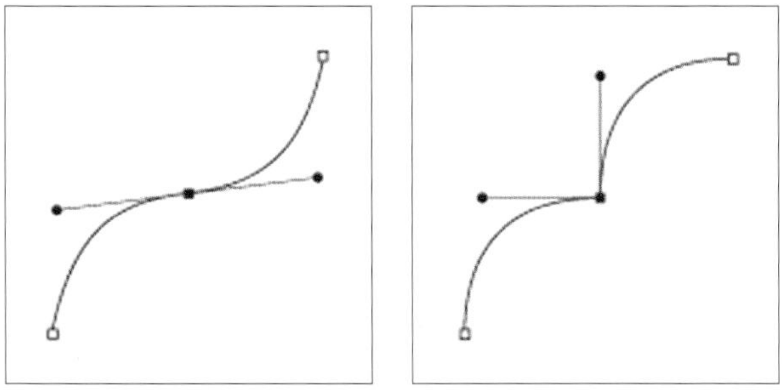

平滑点　　角点

图6-1-3

当在平滑点上移动方向线时，将同时调整平滑点两侧的曲线段。相比之下，当在角点上移动方向线时，只调整与方向线同侧的曲线段。（如图6–1–4）

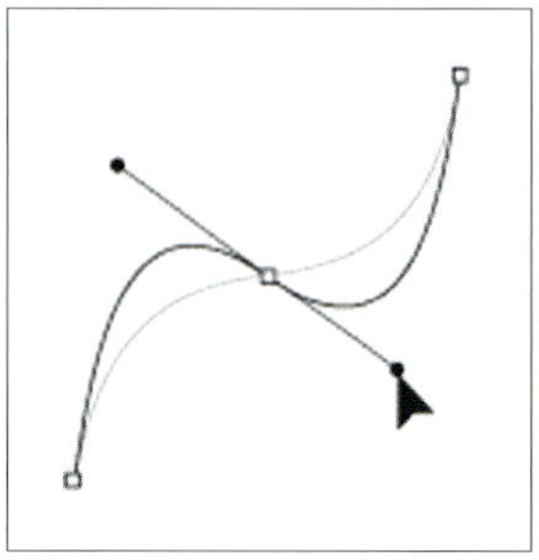

调整平滑点

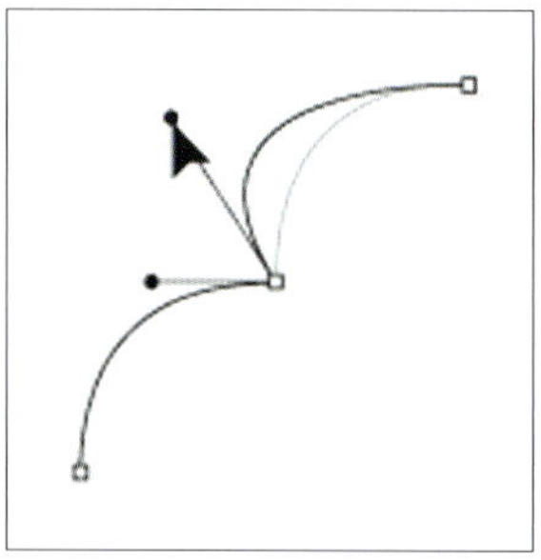

调整角点

图6–1–4

路径不必是由一系列段连接起来的一个整体。它可以包含多个彼此完全不同而且相互独立的路径组件。形状图层中的每个形状都是一个路径组件。（如图6–1–5）

图6–1–5　选中的不同路径组件

第二节 ///// 创建路径

一般情况下我们可以用形状工具或钢笔工具来创建路径。

一、用形状工具创建路径

形状工具一般用来创建外形比较规则的几何图形，基本方法如下：

1.选择形状工具或钢笔工具，然后点按选项栏中的[路径]按钮。

2.设置工具特定选项并绘制路径。

3.通过点按选项栏中的工具按钮，还可以很方便地在绘图工具之间切换。选择路径区域选项以确定重叠路径组件如何交叉。

★[添加到路径区域] 可将新区域添加到重叠路径区域。

★[从路径区域减去] 可将新区域从重叠路径区域移去。

★[交叉路径区域] 将路径限制为新区域和现有区域的交叉区域。

★[重叠路径区域除外] 从合并路径中排除重叠区域。

二、用钢笔工具创建路径

Photoshop提供多种钢笔工具。[标准钢笔]工具可用于绘制具有最高精度的图像；[自由钢笔]工具可用于像使用铅笔在纸上绘图一样来绘制路径；[磁性钢笔]选项可用于绘制与图像中已定义区域的边缘对齐的路径。可以组合使用钢笔工具和形状工具以创建复杂的形状。[钢笔]工具是创建路径最常用的一个工具，[钢笔]工具提供了最佳的绘图控制和最高的绘图准确度，可以创建精确的直线、平滑流畅的曲线以及更为复杂的路径。

1.如用[钢笔]工具创建路径的基本方法如下

①选择钢笔工具 。

②设置下列工具特定选项：

如果要在点按线段时添加锚点并在点按锚点时删

除锚点，可以选择选项栏中的[自动添加/删除]。要在绘图时预览路径段，可以点按选项栏中形状按钮旁边的反向箭头 ▼ 并选择[橡皮带]。

③将钢笔指针定位在绘图起点处并点按，以定义第一个锚点。

④点按或拖移，为其他的路径段设置锚点。

⑤完成路径。

★要结束开放路径，按住 Ctrl 键 （Windows）或按住 Command 键 （Mac OS） 在路径外的任意地方点按就可以了。

★要闭合路径，可以将钢笔指针定位在第一个锚点上。这时钢笔工具的光标旁将出现一个小圈。点按就可以闭合路径了。

2.用[钢笔]工具绘制直线路径

使用[钢笔]工具可以绘制的最简单线段是直线段，方法是通过点按创建锚点。

①将[钢笔]指针定位在直线段的起点并点按，以定义第一个锚点。

②在直线第一段的终点再次点按，或按住 Shift 键点按将该段的角度限制为45° 角的倍数。

③继续点按，为其他的段设置锚点。最后一个锚点总是实心方形，表示处于选中状态。当继续添加锚点时，以前定义的锚点会变成空心方形。

3.用[钢笔]工具绘制曲线路径

通过沿曲线伸展的方向拖移[钢笔]工具可以创建曲线。在创建曲线时，总是向曲线的隆起方向拖移第一个方向点，并向相反的方向拖移第二个方向点。同时向一个方向拖移两个方向点将创建“S”形曲线。在绘制一系列平滑曲线时，一次只能绘制一条曲线，并将锚点置于每条曲线的起点和终点。在平时的练习当中要尽可能使用较少的锚点，并尽可能将它们分开放置，这样可以减小文件大小并减少可能出现的错误，也便于修改。（如图6–2–1）

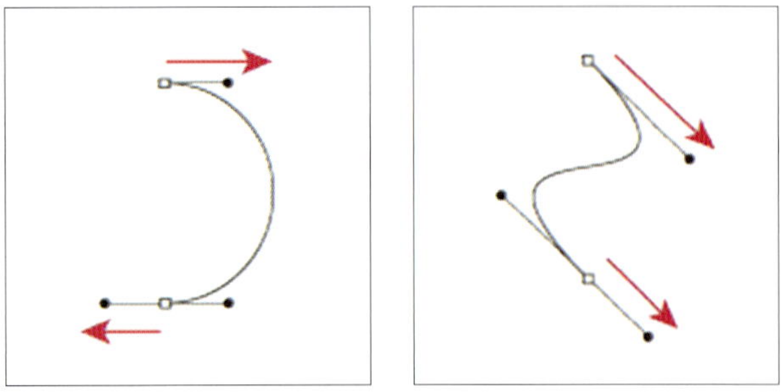

图6–2–1　向相反的方向拖移将创建平滑曲线。向同一个方向拖移将创建“S”曲线。

绘制曲线路径：

①将指针定位在曲线的起点，并按住鼠标按钮。此时会出现第一个锚点，同时指针变为箭头。

②向绘制曲线段的方向拖移指针。在此过程中，指针将引导其中一个方向点的移动。按住 Shift 键，将工具限制为45° 角的倍数，完成第一个方向点的定位后，释放鼠标按钮。

方向线的长度和斜率决定了曲线段的形状。之后才可以调整方向线的一端或两端。

③将指针定位在曲线段的终点，并向相反方向拖移可完成曲线段。

④要绘制平滑曲线的下一段，要将指针定位在下一段的终点，并向曲线外拖移。

一个简单的曲线路径设置完成，更为复杂的曲线路径只是在此基础上不断的重复，只要有耐心，够细致，无论多么复杂的曲线路径都是可以创建完成的。

4.用[自由钢笔]工具创建路径

[自由钢笔]工具顾名思义比较随意，就像用铅笔在纸上绘图一样。创建路径时，将自动添加锚点，完成路径后可进一步对其进行调整。

用[自由钢笔]工具绘图：

①选择自由钢笔工具。

②要控制最终路径对鼠标移动的灵敏度，请点按选项栏中形状按钮旁边的反向箭头，然后为“曲线拟合”输入介于 0.5 到 10.0 像素之间的值。值越高，创建的路径锚点越少，路径也就越简单。

③在图像中拖移指针。此时会有一条路径尾随指针。释放鼠标，工作路径即创建完毕。

④如果要继续手绘现有路径，可以将钢笔指针定位在路径的一个端点，然后拖移。

⑤要完成路径，就释放鼠标。要创建闭合路径，则要将直线拖移到路径的初始点（当它对齐时会在指针旁出现一个圆圈）。

[自由钢笔]工具中有一个[磁性钢笔]的选项，它可以绘制与图像中定义区域的边缘对齐的路径。可以定义对齐方式的范围和灵敏度，以及所绘路径的复杂程度。[磁性钢笔]和[磁性套索]工具有很多相同的选项。

5.用[磁性钢笔]选项绘图

①将[自由钢笔]工具转换成[磁性钢笔]工具，并在选项栏中选择[磁性]，或点按选项栏中形状按钮旁边的反向箭头，选择[磁性]并进行下列设置：

★为“宽度”输入介于“1”到“256”之间的像素值。[磁性钢笔]只检测距指针指定距离内的边缘。

★为“对比度”输入介于1到100之间的百分比，指定像素之间被看做边缘所需的对比度。值越高，图像的对比度越低。

★为“频率”输入介于0到100之间的值，指定钢笔设置锚点的密度。值越高，路径锚点的密度越大。

②在图像中点按，设置第一个紧固点。

③如果要手绘路径段，请移动指针或沿要描的边拖移。

刚绘制的边框段保持为现用状态。当移动指针时，现用段会与图像中对比度最强烈的边缘对齐，并使指针与上一个紧固点连接。磁性钢笔定期向边框添加紧固点，以固定前面的各段。

④如果边框没有与所需的边缘对齐，则点按一次，手动添加一个紧固点并使边框保持不动。继续沿边缘操作，根据需要添加紧固点。如果需要，按 Delete 键删除上一个紧固点。

⑤完成路径，按“Enter”或“Return”键，结束开放路径。若点按两次，则闭合包含磁性段的路径。按住“Alt”键 （Windows） 或“Option”键 （Mac OS） 并点按两次，就可以闭合包含直线段的路径。

第三节 ///// 编辑路径

在[路径]的应用过程当中，有很多情况下都需要对创建好的路径进行诸如添加锚点、复制路径、变换路径形状等操作，在Photoshop当中有很多针对这些操作而设置的相应工具以方便我们对路径进行编辑。

一、选择[路径]

选择路径组件或路径段将显示选中部分的所有锚点，包括全部的方向线和方向点。方向点显示为实心圆，选中的锚点显示为实心方形，而未选中的锚点显示为空心方形。如果要选择路径组件（包括形状图层中的形状），可以选择路径选择工具“”，并点按路径组件中的任何位置。如果路径由几个路径组件组成，则只有指针所指的路径组件被选中。如果要同时显示定界框和选中的路径，可以在选项栏中选择“显示定界框”。如果要选择路径段，则要选择直接选择工具“”，并点按段上的某个锚点，或在段的一部分上拖移选框。

如果要选择其他的路径组件或段，可以选择路径选择工具或直接选择工具，然后按住“Shift”键并选择其他的路径或段。当直接选择工具被选中时，按住“Alt”键（Windows） 或“Option”键（Mac OS）并在路径内点按可以选择整条路径或路径组件。如果要在有任何其他工具被选中的情况下启动直接选择工具，需要将指针定位在锚点上，并按“Ctrl”键（Windows）或“Command”键（Mac OS）。

二、更改所选[路径]组件的重叠模式

使用路径选择工具，拖移选框以选择现有路径区域，然后在选项栏中选取形状区域选项：

1.[添加到形状区域]会将路径区域添加到重叠路径区域。

2.[从形状区域减去]会将路径区域从重叠区域中移去。

3.[交叉形状区域]会将区域限制为所选路径区域和重叠路径区域的交叉区域。

4.[重叠形状区域除外]排除重叠区域。

三、显示或隐藏所选路径组件

执行选取[视图]/[显示]/[目标路径]可以显示隐藏了的路径以及路径组件。如果执行选取[视图]/[显示额外内容]的话还会显示或隐藏网格、参考线、选区边缘、注释和切片等内容。

四、移动、整形和删除路径段

该项操作可以移动、整形或删除路径中的个别段，还可以添加或删除锚点以更改段的配置。也可以对段或锚点应用某种变换，如缩放、旋转、翻转或扭曲。

1.移动直线段：选择直接选择工具，然后选择要调整的段。如果要调整段的角度或长度，需要选择锚点再进行操作。选中以后将所选段拖移到一个新位置就可以了。

2.移动曲线段：选择直接选择工具，然后选择要移动的点或段。但是要确保选择定位段的两个锚点。然后，将所选锚点或段拖移到新位置（拖移时按住“Shift”键可限制按“45”度角的倍数移动）。（如图6-3-1）

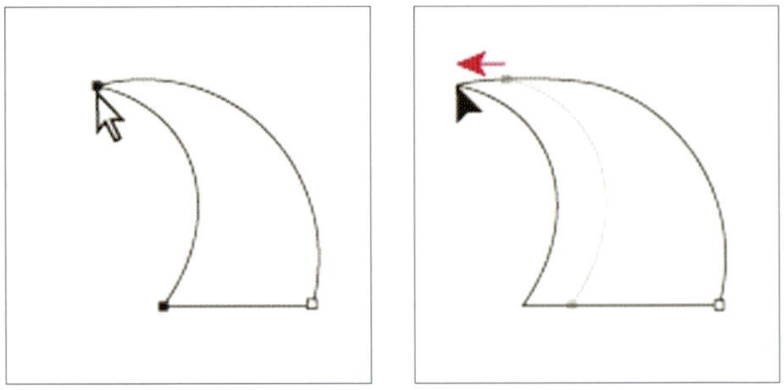

图6-3-1　选择定位曲线的锚点。然后通过拖移移动曲线。

3.整形曲线段：选择直接选择工具，然后选择要调整的曲线段。此时会出现该段的方向线。

如果要调整段的位置，对该段拖移就可以了。（如图6-3-2）

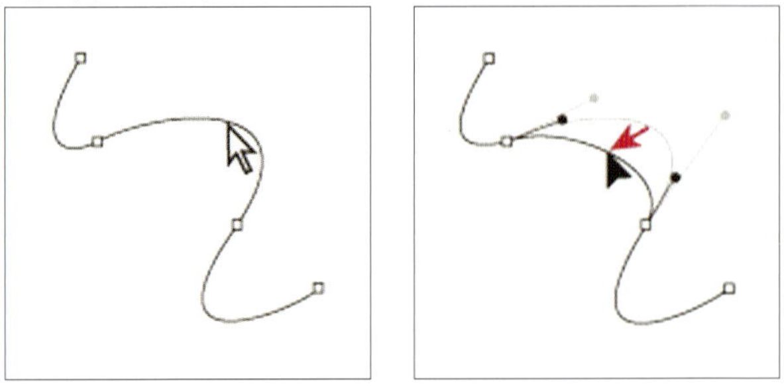

图6-3-2　点按以选择此曲线段。然后通过拖移对其进行调整。

如果要调整所选锚点任意一侧线段的形状，需要拖移此锚点或方向点（拖移时按住 Shift 键可以限制按45° 角的倍数移动）。（如图6-3-3）

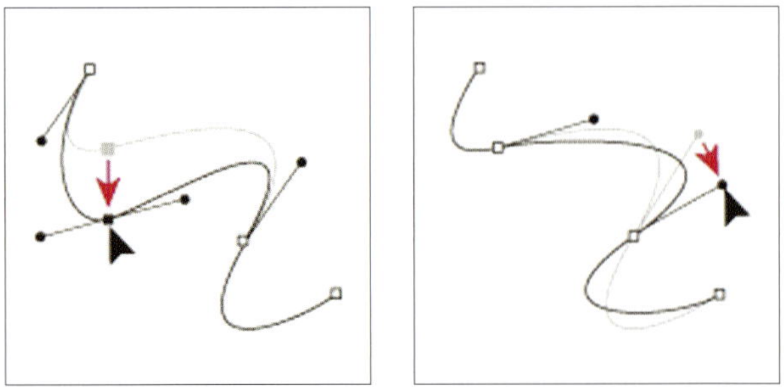

图6-3-3　拖移锚点，或拖移方向点。

4.删除段：选择直接选择工具，然后选择要删除的段。按“Backspace”键（Windows）或“Delete”键（Mac OS）删除所选段。再次按这两个键则删除其余的路径组件。

五、移动、整形、拷贝和删除路径组件

我们可以将路径组件（包括形状图层中的形状）重新放在图像中的任意位置。也可以在一幅图像中或两个 Photoshop 图像之间拷贝组件。通过使用路径选择工具，可以将重叠组件合并为单个组件。所有的对象，无论是否用存储的路径、工作路径或矢量蒙版描述过，都可以被移动、整形、拷贝或删除。也可以使用“拷贝”和“粘贴”命令在 Photoshop 图像和其他应用程序（如 Adobe Illustrator）的图像之间拷贝矢量对象。

移动路径或路径组件：

首先确定该路径是目前所要编辑的，并使用路径选择工具 在图像中选择该路径。如果要选择多个路径组件可以按住“Shift”键并点按每个其他路径组件，将其添加到选区。然后将路径拖移到新位置。如果将路径的一部分拖移出了画布边界，则路径的隐藏部分仍然是可用的。如果将路径拖移到另一幅打开的图像上，则该路径将会拷贝到此图像中。（如图6-3-4）

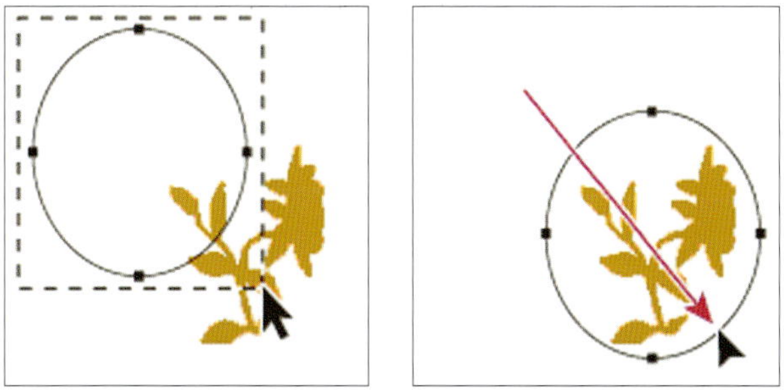

图6-3-4 将路径拖移到新位置

整形路径组件：

在路径调板中选择路径名，并使用直接选择工具 选择路径中的锚点。将该点或其手柄拖移到新位置。

合并重叠的路径组件：

在路径调板中选择路径名，并选择路径选择工具 。点按选项栏中的“组合”从所有的重叠组件创建单个组件。

拷贝路径组件或路径：如果要在移动时拷贝路径组件，需要在路径调板中选择路径名，并用路径选择工具“ ”点按路径组件。然后按住“Alt”键（Windows）或“Option”键（Mac OS）并拖移所选路径。如果要拷贝路径但不对其进行重命名，可将路径调板中的路径名拖移到调板底部的“新路径”按钮。如果要拷贝并重命名路径，需要按住“Alt”键（Windows）或“Option”键（Mac OS），将路径调板中的路径拖移到调板底部的“新路径”按钮。或选择要拷贝的路径，然后从路径调板菜单中选取“复制路径”。在“复制路径”对话框中为路径输入新名称，并点按“好”按钮。如果要将路径或路径组件拷贝到另一路径中，请选择要拷贝的路径或路径组件并选取[编辑]/[拷贝]。然后选择目标路径，并选取[编辑]/[粘贴]。

在两个 Adobe Photoshop 文件之间拷贝路径组件：

将两个图像都打开。使用路径选择工具 ，在要拷贝的源图像中选择整条路径或路径组件。如果要拷贝路径组件，将源图像中的路径组件拖移到目标图像。路径组件会被拷贝到路径调板的现用路径中。也可以在源图像的路径调板中选择路径名，并选取[编辑]/[拷贝]拷贝该路径。在目标图像中选取[编辑]/[粘贴]。这一方法也可以用来组合同一图像中的路径。如果要将路径组件粘贴到目标图像，在源图像中选择路径组件并选取[编辑]/[拷贝]。在目标图像中选取[编

辑]/[粘贴]。

删除路径组件：在路径调板中选择路径名，并用路径选择工具 点按路径组件。按“Backspace”键（Windows）或“Delete”键（Mac OS）就可以删除所选路径组件了。

六、对齐并分布路径组件

在路径编辑过程中既可以对齐也可以分布在单个路径中描述的路径组件。例如，可以使单个图层所包含的多个形状左对齐，或使工作路径中的多个组件水平居中分布。

对齐组件：

使用路径选择工具 选择要对齐的组件，然后从选项栏中选择对齐选项：“顶” 、“垂直居中” 、“底” 、“左” 、“水平居中” 或“右” 。

分布组件：

至少需要选择三个要分布的组件，然后从选项栏中选择分布选项：“顶” 、“垂直居中” 、“底” 、“左” 、“水平居中” 、或“右” 。

七、添加、删除和转换锚点

使用添加锚点工具和删除锚点工具，可以在形状上添加和删除锚点。转换方向点工具可以将平滑曲线转换成尖锐曲线或直线段，反之亦然。如果已在钢笔工具或自由钢笔工具的选项栏中选择了“自动添加/删除”，则在点按直线段时，将会添加锚点，而在点按现有锚点时，该锚点将会被删除。

添加锚点：

选择添加锚点工具 ，并将指针放在要添加锚点的路径上（指针旁会出现加号）。如果要添加锚点但不更改线段的形状，则点按路径就可以了。如果要添加锚点并更改线段的形状，则需要拖移以定义锚点的方向线。

删除锚点：

选择删除锚点工具 ，并将指针放在要删除的锚点上（指针旁会出现减号）。点按锚点将其删除，路径的形状重新调整以适合其余的锚点。如果拖移锚点将其删除，线段的形状也会随之改变。

在平滑点和角点之间进行转换：

选择转换点工具 ，并将指针放在要更改的锚点上。如果要在选中了直接选择工具的情况下启动转换锚点工具，需要将指针放在锚点上，然后按“Ctrl+Alt”组合键（Windows）或“Command+Option”组合键（Mac OS）。如果要将平滑点转换成没有方向线的角点，就点按平滑锚点。如果要将平滑点转换为带有方向线的角点，一定要能够看到方向线。然后，拖移方向点，使方向线断开（如图6–3–5）。如果要将角点转换成平滑点，则需要向角点外拖移，使方向线出现。（如图6–3–6）

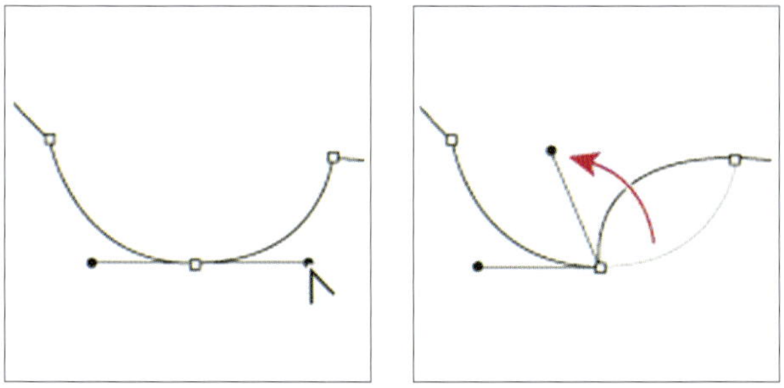

图6–3–5　拖移方向点，使方向线断开。

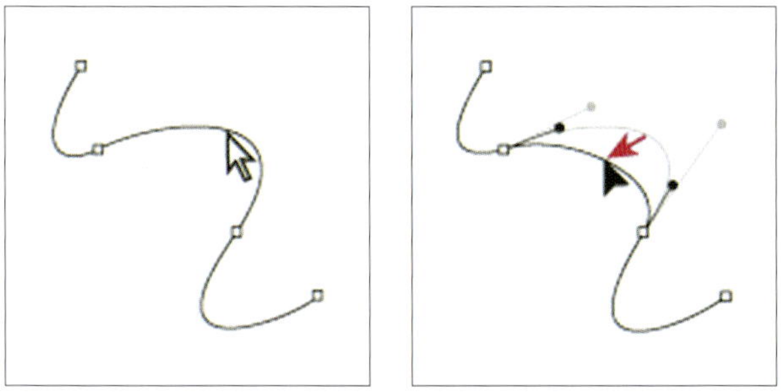

图6–3–6　点按以创建角点。拖移以创建平滑点。

第四节 ///// 使用[路径]调板

[路径]调板列出了每条存储的路径、当前工作路径和当前矢量蒙版的名称与缩览图像。减小缩览图的大小或将其关闭，可在路径调板中列出更多路径，而关闭缩览图可提高性能。要查看路径，必须先在路径调板中选择路径名。当使用钢笔工具或形状工具创建工作路径时，新的路径以“工作路径”的形式出现在路径调板中。“工作路径”是临时的；必须保存它以免丢失其内容。如果没有存储便取消选择了“工作路径”，当再次开始绘图时，新的路径将会取代现有路径。（如图6-4-1）

当使用钢笔工具或形状工具创建新的形状图层时，新的路径会以矢量蒙版的形式出现在路径调板中。矢量蒙版与其父图层链接；必须在图层调板中选择父图层，路径调板中才会列出剪贴路径。可以从图层中删除剪贴路径和将剪贴路径转换成栅格化蒙版。

当再次打开图像时，与图像一起存储的路径将显示出来。在 Windows 中，PSD、JPEG、JPEG 2000、DCS、EPS、PDF 和 TIFF 格式都支持路径。在 Mac OS 中，除了 GIF 和 Pixelpaint（可选）格式外，所有可用文件格式都支持路径。

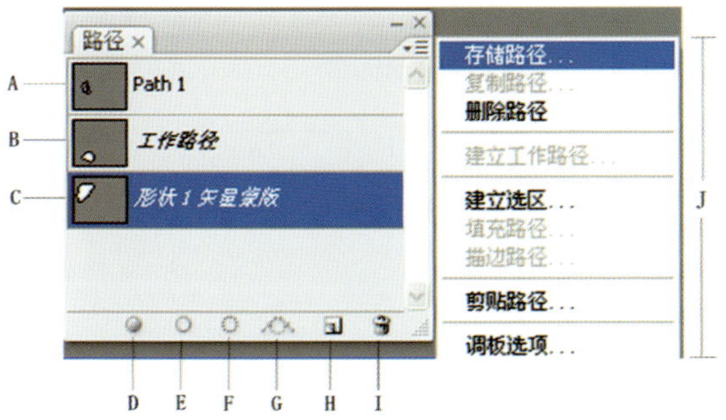

图6-4-1　路径调板：A.存储的路径　B.临时工作路径　C.矢量蒙版路径（只有在选中了形状图层时才出现）　D.用前景色填充路径　E.用画笔描边路径　F.将路径作为选区载入　G.从选区生成工作路径　H.创建新路径　I.删除当前路径　J.路径调板下拉选项

一、在路径调板中创建新路径

如果要创建路径，但不命名它，点按路径调板底部的“新路径”按钮 。如果要创建并命名路径，首先要确保没有选择工作路径。从路径调板菜单中选取“创建新路径”，或按住 Alt 键（Windows）或 Option 键（Mac OS）并点按调板底部的“创建新路径”按钮。在“新路径”对话框中输入路径的名称，并点按“好”按钮。

二、存储工作路径

如果要存储路径但不重命名它，则将工作路径名称拖移到路径调板底部的“创建新路径”按钮。如果要存储并重命名，需要从路径调板菜单中选取“存储路径”，然后在“存储路径”对话框中输入新的路径名，并点按“好”按钮。

三、重命名存储的路径

双击路径调板中的路径名，键入新的名称，然后按 Enter 键（Windows）或 Return 键（Mac OS）。

四、删除路径

在路径调板中点按路径名。将路径拖移到路径调板底部的“回收站”按钮 。也可以从路径调板菜单中选取“删除路径”。或者点按路径调板底部的“回收站”按钮，然后点按“是”。

五、将路径转换为选区边框

任何闭合路径都可以定义为选区边框。可以从当前的选区中添加或减去闭合路径，也可以将闭合路径与当前的选区结合。

若要使用当前的“建立选区”设置将路径转换为

选区边框，可以在“路径”调板中选择路径。如果要转换路径，可以点按路径调板底部的“将路径作为选区载入”按钮 。

如果要将路径转换为选区边框并指定设置，可执行以下操作：

1.在“路径”调板中选择路径。

2.按住 Alt 键（Windows）或“Option”键（Mac OS）并点按路径调板底部的“将路径作为选区载入”按钮 。

3.在“建立选区”对话框中，选择“渲染”选项：

“羽化半径”定义羽化边缘在选区边框内外的伸展距离。输入以像素为单位的值。

“消除锯齿”在选区中的像素与周围像素之间创建精细的过渡。需要确保“羽化半径”设置为 0。

4.选择“操作”选项，“新建选区”可只选择路径定义的区域。“添加到选区”可将由路径定义的区域添加到原选区。“从选区中减去”可从当前选区中删除由路径定义的区域。“与选区交叉”可选择路径和原选区的共有区域。如果路径和选区没有重叠，则不会选择任何内容。

5.点按“好”完成。

六、将选区边框转换为路径

使用选择工具创建的任何选区都可以定义为路径。“建立工作路径”命令可以消除选区上应用的所有羽化效果。它还可以根据路径的复杂程度和在操作过程中“建立工作路径”对话框中选取的容差值来改变选区的形状。

使用当前的“建立工作路径”设置将选区转换为路径只需建立选区，然后点按路径调板底部的“建立工作路径”按钮 就可以了。

如果需要将选区转换为路径并指定设置，可执行以下操作：

1.建立选区，然后按住 Alt 键（Windows）或“Option”键（Mac OS）并点按路径调板底部的“建立工作路径”按钮 。

2.在“建立工作路径”对话框中，输入容差值，或使用默认值。容差值的范围为0.5到10之间的像素，用于确定“建立工作路径”命令对选区形状微小变化的敏感程度。容差值越高，用于绘制路径的锚点越少，路径也越平滑。

3.点按“好”。路径出现在路径调板的底部。

七、用颜色填充路径

“填充路径”命令可用于使用指定的颜色、图像状态、图案或填充图层填充包含像素的路径。（如图6—4—2）

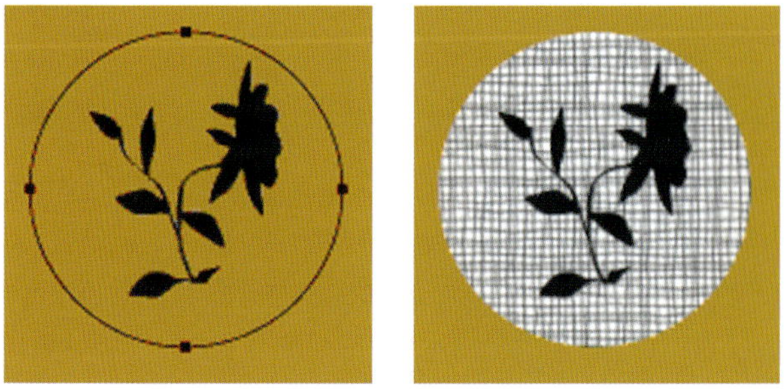

选中的路径　　填充后的路径

图6—4—2

当填充路径时，颜色值会出现在现用图层中。开始之前，所需图层一定要处于当前工作状态。当图层蒙版或文本图层处于现用状态时是无法填充路径的。

如果使用当前“填充路径”设置填充路径只需在“路径”调板中选择路径。然后点按路径调板底部的“填充路径”按钮 便可。

如果填充路径并指定选项，可执行以下操作：

1.在“路径”调板中选择路径。

2.填充路径，按住“Alt”键（Windows）或“Option”键（Mac OS）并点按路径调板底部的“填充路径”按钮。

3.如果要使填充更透明，请使用较低的百分比。100% 的设置使填充完全不透明。

4.选取填充的混合模式。“模式”列表中提供了“清除”模式，使用此模式可抹除为透明，但是必须在背景以外的图层中工作才能使用该选项。

5.选取“保留透明区域”仅限于填充包含像素的图层区域。

6.选择“渲染”选项，“羽化半径”定义羽化边缘在选区边框内外的伸展距离。输入以像素为单位的值。“消除锯齿”通过部分填充选区的边缘像素，在选区的像素和周围像素之间创建精细的过渡。

7.点按“好”完成。

八、用描边方式绘制路径边框

图6-4-3　选中的路径以及描边后的路径

“描边路径”命令可用于绘制路径的边框。“描边路径”命令可以沿任何路径创建绘画描边（使用绘画工具的当前设置）。（如图6-4-3）

使用当前“描边路径”设置描边路径可以在“路径”调板中选择路径。然后点按路径调板底部的“描边路径”按钮 ○。每次点按“描边路径”按钮都会增加描边的不透明度，还可以使描边看起来更粗。

第五节 实例制作

用[钢笔]工具制作白描画面效果，不需要准备纸、墨，不需要高深的绘画技巧，在Photoshop中，利用[钢笔]工具即可绘制具有中国特色的白描作品，没有压感手绘板也能画出柔和而富有变化的线条。

1.新建一个文件，用[钢笔]工具在画布中央绘制出一个五边形路径，在制作之前，选择完钢笔工具后，要确定钢笔的选项栏上选择的是[路径]，而不是“形状图层”。

2.选中“添加锚点工具”，在已绘的五边形路径的五条边中点各添加一个锚点。（如图6-5-1）

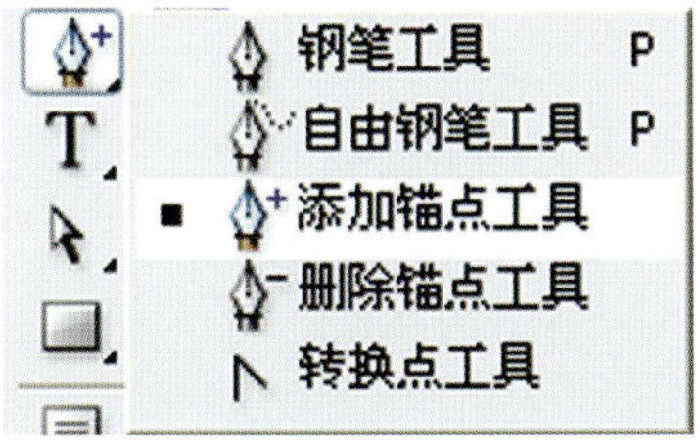

图6-5-1

3.下面调节这些锚点，选中工具箱中的“直接选择工具”，然后在图中将五边形的五个角拖至中心位置，形成五星形状。（如图6-5-2）

图6-5-2

4.调整其余的五个锚点中的任意一个，向两侧拖动，调整路径的弧度，并依次调整其他的路径弧度，绘制好花朵的外形。（如图6-5-3）

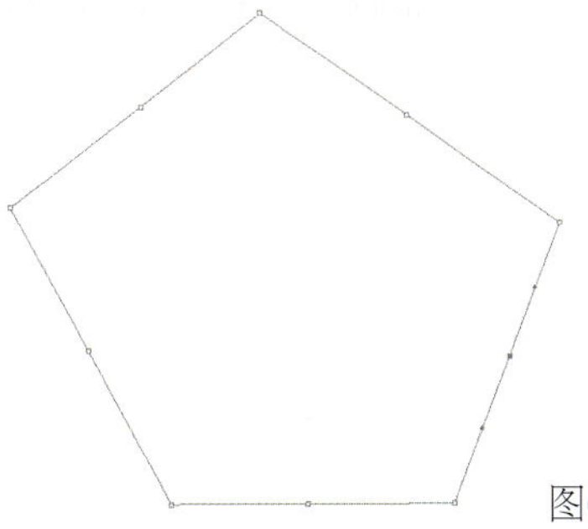

图6-5-3

5.在路径面板中将花朵的路径转换成选区。（如图6−5−4）

图6−5−4

6.新建图层并填充花瓣。单击工具箱上的“渐变工具”，在工具栏选项中选中“径向渐变”，并将颜色在下拉菜单中设为粉红到白色，对选区从中心向四周填充后取消选区。（如图6−5−5）

图6−5−5

7.下面为花瓣添加脉络。选中钢笔工具，如图在每一个花瓣上勾勒出一个开放的路径。（如图6−5−6）

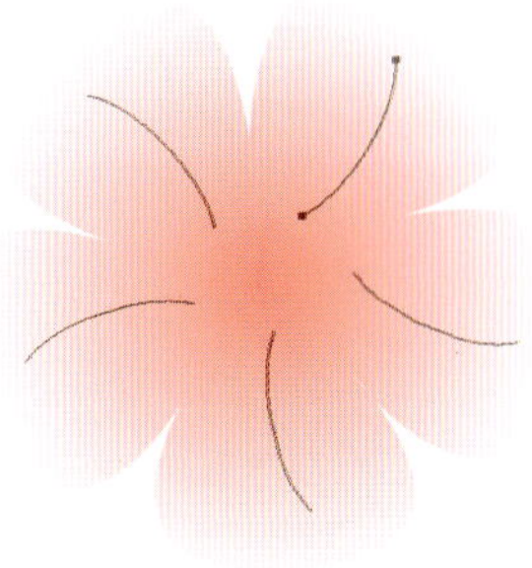

图6−5−6

8.确定脉络路径为当前的工作路径，按住Alt键并在路径面板上点按“用画笔描边路径”按钮调出“描边路径”对话框，选择“画笔”工具并勾选“模拟压力”后点按“确定”钮（调出描边路径对话框前应调整好画笔的大小以及软硬度，并在工具箱上定好前景色）完成花瓣的脉络制作。（如图6−5−7）

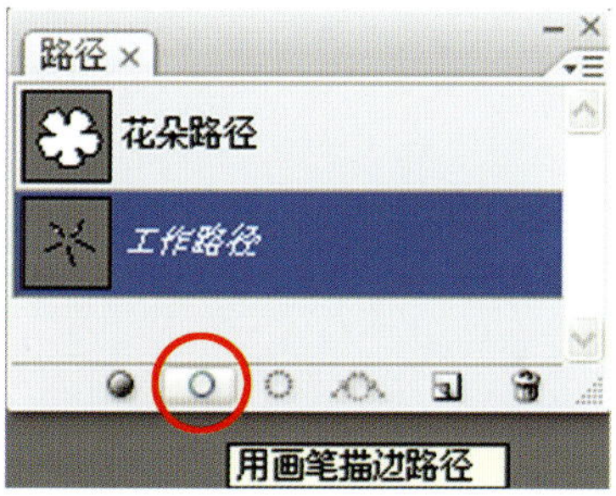

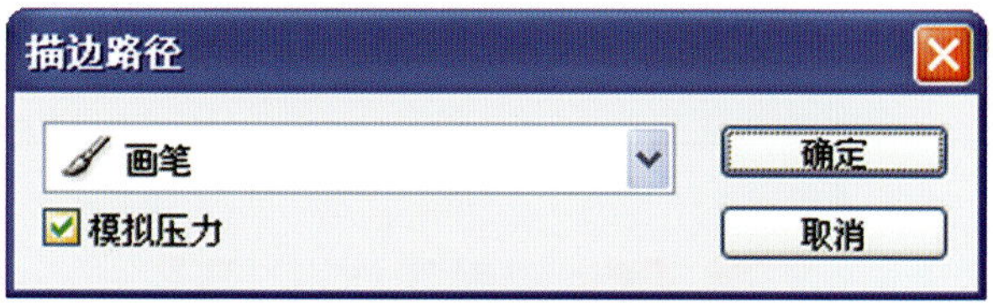

图6−5−7

9.复制若干个花朵的图层，也可以根据个人喜好变换不同的色彩，调整好大小以及图层的前后关系后，一束花的图像便制作完成。（如图6—5—8）

图6—5—8

10.新建一个图层用来制作花瓶。在新图层中，建立一个矩形选区，使用[渐变工具]中的[线性渐变]，制定好渐变色彩后对花瓶选区进行填充。（如图6—5—9）

11.选择[编辑]/[自由变换]，对花瓶的外形进行变换，将花瓶图层置放到文件的最底层后制作完成。

图6—5—9

[复习参考题]

◎ 什么是路径？

◎ 如何创建闭合路径？

◎ 如何创建开放路径？

◎ 路径描边的标准步骤有哪些？

第七章 文字的输入与编辑

本章重点

1. 掌握文字的输入方法与工具。
2. 能够灵活运用文字的编排技巧。
3. 了解文字变形的模式。
4. 了解并掌握路径文字的制作方法。
5. 了解并掌握文字栅格化处理。

学习目标

让学生了解文字在图形设计中编排技巧及文字的输入方法。

建议学时

8学时。

第七章　文字的输入与编辑

Photoshop 中的文字由以数学方式定义的形状组成，这些形状描述的是某种字体的字母、数字和符号。许多字样可用于一种以上的格式，最常用的格式有 Type 1（又称 PostScript 字体）、TrueType、OpenType、New CID 和 CID 非保护字体（仅限于日语）。

当向图像添加文字时，字符由像素组成，并且与图像文件具有相同的分辨率，字符放大后会显示锯齿状边缘。但是，Photoshop 和 ImageReady 保留基于矢量的文字轮廓，并在您缩放文字、调整文字大小、存储 PDF 或 EPS 文件或将图像打印到 PostScript 打印机时使用它们。因此，生成的文字可能带有犀利的、与分辨率无关的边缘。

第一节 ///// 文字的输入与设置

用文字工具在图像中点击可以将文字工具置于编辑模式。当文字工具处于编辑模式时，可以输入并编辑字符，但是，必须提交对文字图层的更改后才能执行某些操作。若要确定文字工具是否处于编辑模式，请查看选项栏，如果显示有[提交]按钮和[取消]按钮，则表明文字工具处于编辑模式。

当向图像添加文字时，字符由像素组成，并且与图像文件具有相同的分辨率，字符放大后会显示锯齿状边缘。但Photoshop和ImageReady保留基于矢量的文字轮廓，并在用户缩放文字、调整文字大小、储存PDF或EPS文件或图像打印到PostScript打印机时使用它们。因此，生成的文字可能带有明晰的，与分辨率无关的边缘。

字符面板可以设置字符的字体、字号、字形、行距、字符缩放、所选字符的比例间距、所选字符的字距调整、两个字符间的字距微调、基线偏移和颜色等。在菜单栏中执行[窗口]/[字符]命令可以显示或隐藏字符面板。

段落面板可以设置段落的对齐方式、缩进量、添加空格、段间距等。在菜单栏中执行[窗口]/[段落]命令可以显示或隐藏段落面板。

第二节 ///// 路径文字

路径由一个或多个路径组件（由多段连接起来的一个或多个锚点的集合）组成。路径占用的磁盘空间比基于像素的形状数据量少，因此可用于简单蒙版的长期存储。用于创建路径的工具有钢笔工具（包括矩形工具、椭圆工具、圆角矩形工具、直线工具、自定形状工具和多边形工具）。

制作路径文字步骤：

1.打开已有素材图片，使用工具栏中横排文字工具。输入文字“生日快乐”字样。（如图7-2-1）

图7-2-1

2.在文字图层单击鼠标右键，选择创建工作路径，如图7—2—2所示效果。

3.对每个字用钢笔工具进行调整，通过加减锚点和转化点工具进行调整，达到如图7—2—3所示效果。

4.单击画面的鼠标右键，选择“自由变换路径”，对每个字可进行缩放、旋转、扭曲、斜切、透视、变形、水平翻转、垂直翻转等变化（如图7—2—4）。在编辑后按回车键进行确定。

5.在路径面板中，选择“将路径作为选区载入”，如图7—2—5。然后回到图层面板新建一层，选择前景色对文字的选区进行填充。

6.在样式面板中找到雕刻文字效果，单击鼠标赋予文字的样式变化。达到如图7—2—6所示效果。

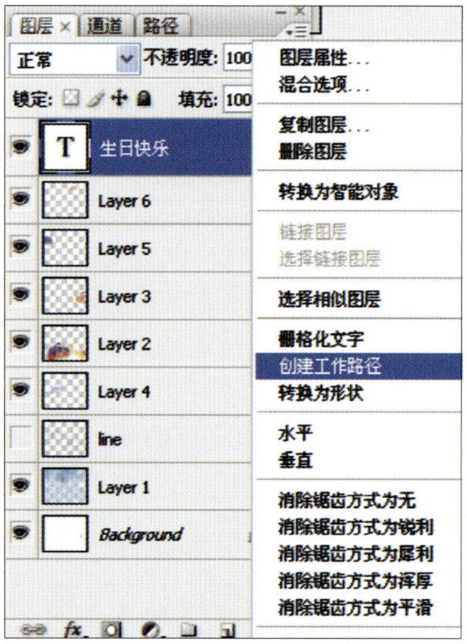

图7—2—2

图7—2—3

图7—2—4

图7—2—5

图7—2—6

第三节 ///// 变形文字

选择文字图层，单击鼠标右键选择“文字变形”。（如图7—3—1）

弹出文字面板有诸如扇形、拱形、凸起等变化，选择合适的变形样式，如图7—3—2所示。

在弯曲、水平扭曲、垂直扭曲上面进行细节的调整。（如图7—3—3）

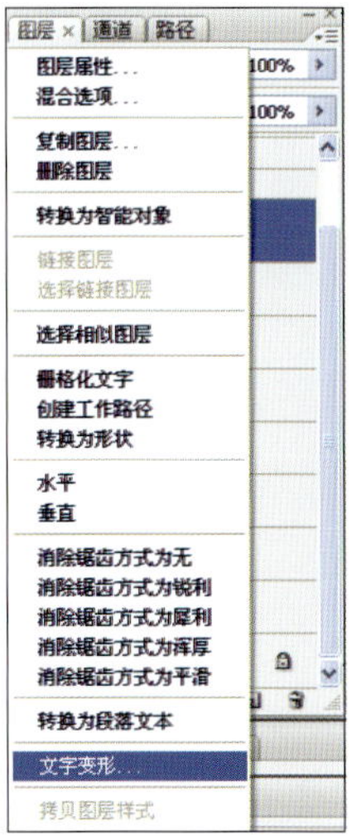

图7—3—1

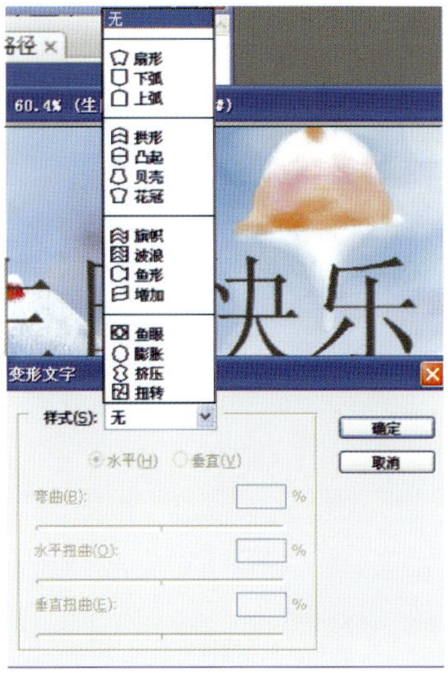

图7—3—2

图7—3—3

第四节 ///// 文字栅格化处理

栅格化形状正如其名所暗示的那样，栅格化形状不是矢量对象。文字栅格化处理后可将文字变成图像进行编辑，其方法为选中文字图层，单击鼠标右键选择栅格化文字。

第五节 ///// 文字转换为形

1.打开任意一张素材图，用文字工具在画面中输入如图7—5—1所示文字（其[字体]为Arial Black，[字体大小]为48）。

2.选择文字图层，单击鼠标右键选择“转化为形状”。（如图7—5—2）

3.在工具栏中选择钢笔工具中的转换点工具对文字进行编辑。（如图7—5—3）

对文字逐一编辑，如图7—5—4所示。达到如图7—5—5所示效果。

同时，在路径面板出现了文字的矢量蒙版。（如图7—5—6）

4.画面达到如图7—5—7所示效果，将文字图层做栅格化处理。（如图7—5—8）

图7—5—1

图7—5—2

图7—5—3

图7—5—4

图7—5—5

图7—5—6

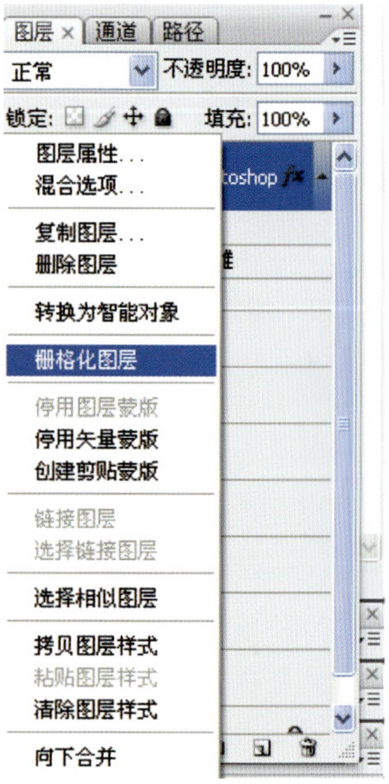

图7—5—8

图7—5—7

第六节 ///// 实例制作

制作熔化字制作步骤

1.按“Crtl+N键”，在弹出的对话框中设定图像大小为640像素宽，480像素高。分辨率为150像素/英寸，模式为RGB颜色8位，背景内容白色，单击确定按钮，新建一个文件。

2.在通道面板中新建Alpha1。（如图7—6—1）

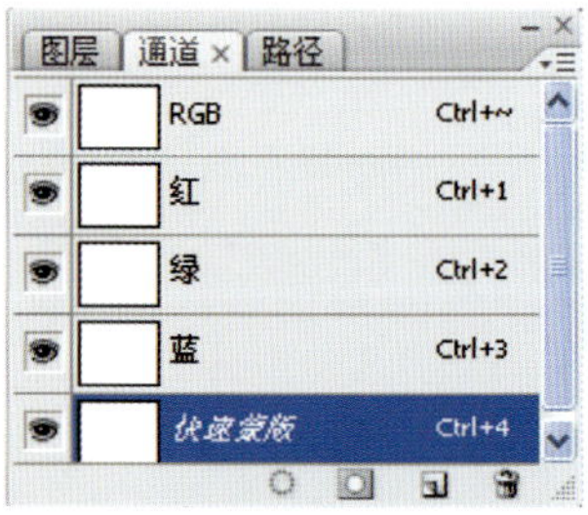

图7—6—1

从工具箱中选择文字工具。（如图7-6-2）

图7-6-2

在选项栏中设定文字参数。（如图7-6-3）

图7-6-3

然后在画面上输入如图7-6-4的文字。

图7-6-4

3.回到图层，将文字选区用油漆桶填充为白色，再单击通道Alpha1,编辑此通道文字。如图7-6-5的文字。

图7-6-5

4.按“Crtl+D”键取消选择，在菜单栏中执行[图像]/[旋转画布]/[90°（顺时针）]命令得到如图7-6-6所示效果。

5.在菜单栏中执行[滤镜]/[风格化]/[风]命令，并在弹出的对话框中设定[方法]为风，[方向]为从右，如图7-6-7所示，单击[确定]按钮。

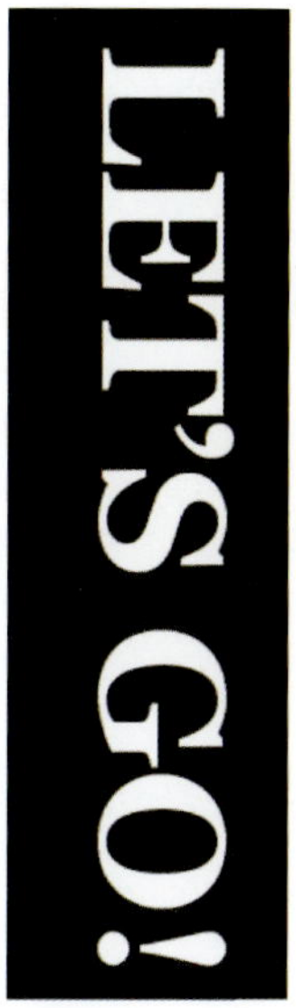

图7-6-6

图7-6-7

6.在菜单栏中执行[图像]/[旋转画布]/[90度（逆时针）]命令，得到如图7-6-8所示效果。

图7-6-8

7.在菜单栏中执行[滤镜]/[素描]/[图章]命令，并在对话框中设定[明/暗平衡]为2，[平滑度]为2,如图7-6-9所示,单击[确定]按钮,得到如图7-6-10所示效果。

图7-6-9

图7-6-10

8.在菜单栏中执行[滤镜]/[素描]/[塑料效果]命令，接着在弹出的对话框中设定[图像平衡]为3，[平滑度]为4，[光照方向]为上，如图7-6-11所示，单击[确定]按钮，得到如图7-6-12所示效果。

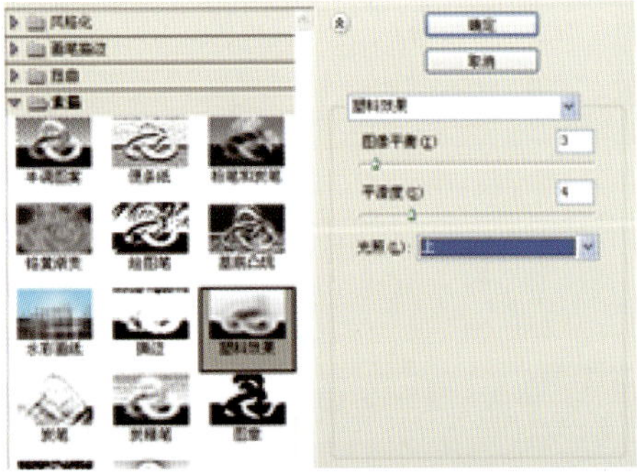

图7-6-11

图7-6-12

9.转到图层面板，单击背景层，变为可编辑状态。如图7-6-13所示效果。

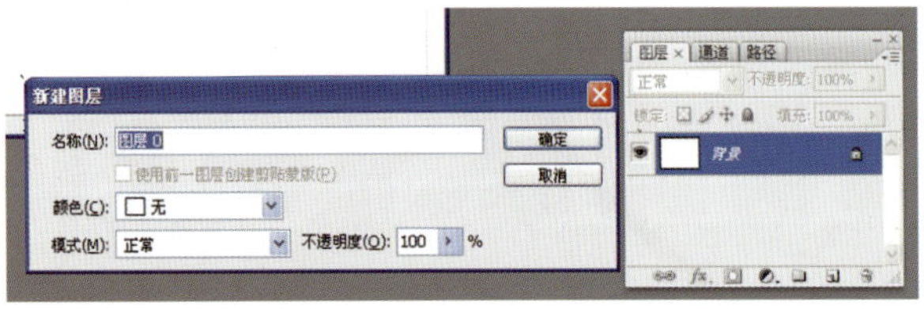

图7-6-13

10.在菜单栏中执行[选择]/[载入选区]命令，并在弹出的对话框中设定[通道]为Alpha1，如图7-6-14所示效果，单击[确定]按钮。

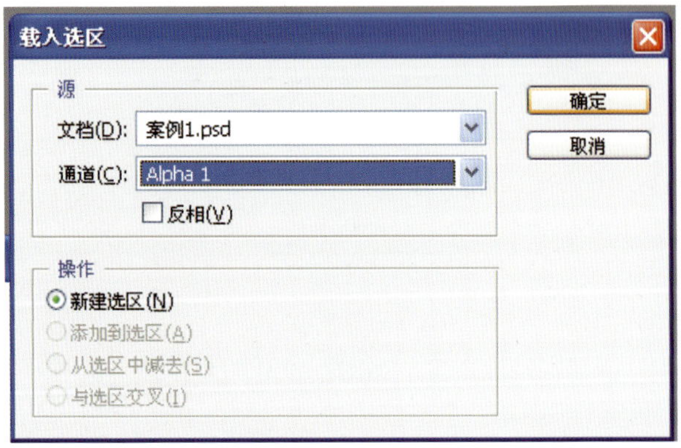

图7-6-14

11.在工具箱中设定前景色为R：50，G：50，B：50，用油漆桶填充前景色，效果如图7-6-15。

图7-6-15

12.按“Crtl+D”键取消选择，在菜单栏中执行[滤镜]/[锐化]/[USM锐化]命令，接着在弹出的对话框中设定[数量]为300，[半径]为4.2，如图7-6-16所示，单击[确定]按钮，得到如图7-6-17所示效果。

图7-6-16

图7—6—17

13.按“Crtl+M”键执行[曲线]命令，在弹出的对话框中直线调节如图7—6—18所示的曲线，单击[确定]按钮，得到如图7—6—19所示效果。

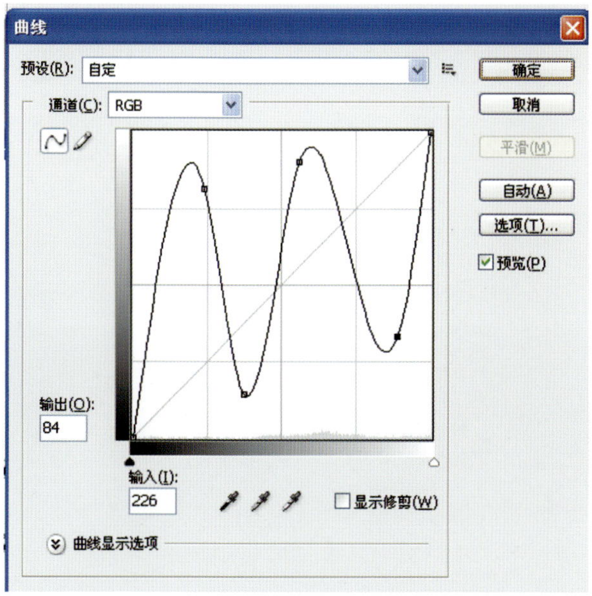

图7—6—18

图7—6—19

14.按“Crtl+U”键执行[色相/饱和度]命令，接着在弹出的对话框中勾选[着色]复选框，并设定[色相]为215，[饱和度]为80，如图7—6—20所示。单击[确定]按钮，得到如图7—6—21所示效果。

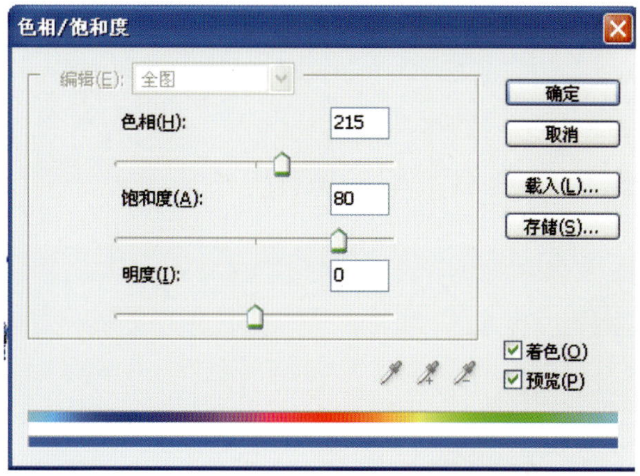

图7—6—20

图7—6—21

[复习参考题]

◎ 运用文字工具和多种表现形式技巧来绘制海报。

◎ 利用文字编辑工具来进行平面招贴设计。

第八章 图层的操作

本章重点

1.掌握图层混合模式与不透明度、图层样式、图层对齐与连接、图层合并的使用方法。

2.了解并掌握图层组和图层的应用工具。

学习目标

让学生熟练应用图层的基本操作功能，在实际中能灵活应用图层功能对图像进行多种方式的编辑。

建议学时

8学时。

第八章　图层的操作

第一节 ///// 图层概念

层(Layer)

计算机系统中，“选择”这个概念是相当广泛的，将屏幕上某处选择，则该选择反白显示，移动该区域时，其中的内容一并移动，同时在原始位置留下空白。

作为一个图像处理软件，Photoshop将“选择”变成为一个独立的实体，即“层”，对层可以单独进行处理，而不会对原始图像有任何影响，层中的无图像部分是透明的。举个例子，好像将一张玻璃板盖在一幅画上，然后在玻璃板上作图，不满意的话，可以随时在玻璃板上修改，而不影响其下的画。这里的玻璃板，就相当于Photoshop中的层，而且在Photoshop中，这样的“玻璃板”可以有无限多层。

有一点需要注意，存在多个层的图像只能被保存为Photoshop专用格式即PSD或PDD格式文件。你可能曾经遇到这样的问题：做好了一幅图像，无论选择Save还是Save as都无法将其保存为你想要的如BMP或JPG等格式，这是因为你的图像中包含多个层。告诉你一个诀窍，只要选择Save a copy，即可保存成任意格式的文件。

第二节 ///// 图层的基本操作

利用图层面板可方便地绘制、编辑、粘贴和重定位某一图层上的元素，而不影响其他图层，为组成图像提供了一种非常方便的手段。在组成或合并图层前，图像中的每个图层都是相对独立的。这意味着用户可以任意试用不同的图形、类型、不透明度和混合模式。还可以创建一个新图层，对原有的图层进行重新排列、删除、合并等操作。

可以使用图层面板创建、隐藏、显示、复制、合并、连接、锁定和删除图层。图层面板从顶层图层开始，列出图像中的所有图层和图层组。图层内容缩览图显示在图层名的旁边，在用户进行编辑后缩览图立即更新。用户只可以更改当前可用图层，一次只有一个图层是当前可用图层。当移动或变换当前图层时，这些更改也影响与该图层链接的任何图层。另外，可以全部或部分地锁定图层以保护其内容。

用户也可以使用图层面板将图层蒙版和图层剪贴路径应用于图层。还可以将图层样式应用于图层，以及创建调整图层或填充图层。在菜单栏中执行[窗口]/[图层]命令来显示或隐藏图层面板，图层面板如图8-2-1所示效果。

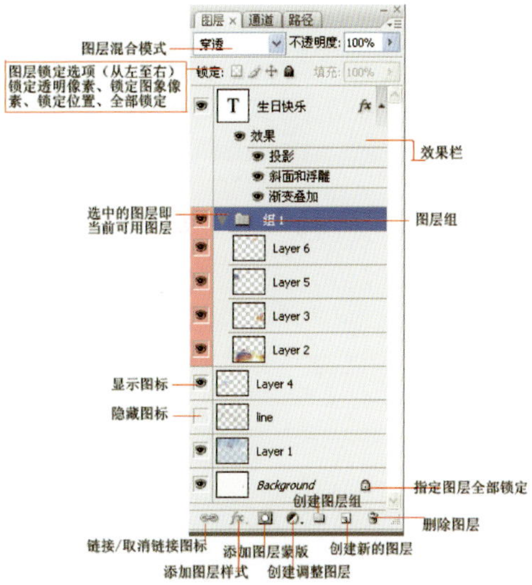

图8-2-1

第三节 ///// 混合模式

关于混合模式

选项栏中指定的混合模式控制图像中的像素如何受绘画或编辑工具的影响。在想象混合模式的效果时，从以下颜色考虑将有所帮助：基色是图像中的原稿颜色；混合色是通过绘画或编辑工具应用的颜色；结果色是混合后得到的颜色。

混合模式列表

从选项栏的“模式”弹出式菜单中进行选取。

注：仅“正常”、“溶解”、“变暗”、“正片叠底”、“变亮”、“线性减淡（添加）”、“差值”、“色相”、“饱和度”、“颜色”、“亮度”、“浅色”和“深色”混合模式适用于32位图像。

1.正常（Normal)模式

因为在Photoshop中颜色是当做光线处理的(而不是物理颜料)，在正常模式下形成的合成或着色作品中不会用到颜色的相减属性。例如，在正常模式下，在100%不透明红色选择上面的50%不透明蓝色选择产生一种淡紫色，而不是混合物理颜料时所期望得到的深紫色。当增大蓝色选择的不透明度时，结果颜色变得更蓝而不太红，直到100%不透明度时蓝色变成了组合颜色的颜色。用笔刷工具以50%的不透明度把蓝色涂在红色区域上结果相同；在红色区域上描画得越多，就有更多的蓝色前景色变成区域内最终的颜色。于是，在正常模式下，永远也不可能得到一种比混合的两种颜色成分中最暗的那个更暗的混合色了。

2.溶解（Dissolve）模式

溶解模式当定义为层的混合模式时，将产生不可须知的结果。因此，这个模式最好是同Photoshop中的着色应用程序工具一同使用。此模式采用100%不透明的前景色（或采样的像素，当与Rubber Stamp 工具一起使用时），同底层的原始颜色交替以创建一种类似扩散抖动的效果。在溶解模式中通常采用的颜色或图像样本的不透明度越低，颜色或样本同原始图像像素散布的频率就越低。如果以小于或等于50%的不透明度描画一条路径，溶解模式在图像边缘周围创建一个条纹。这种效果对模拟破损纸的边缘或原图的 “泼溅”类型是重要的。

3.变暗（Darken）模式

考察每一个通道的颜色信息以及相混合的像素颜色，选择较暗的作为混合的结果。颜色较亮的像素会被颜色较暗的像素替换，而较暗的像素就不会发生变化。

4.正片叠底（Multiply）模式

这种模式可用来着色并作为一个图像层的模式。正片叠底模式从背景图像中减去源材料（不论是在层上着色还是放在层上）的亮度值，得到最终的合成像素颜色。在正片叠底模式中应用较淡的颜色对图像的最终像素颜色没有影响。正片叠底模式模拟阴影是很棒的。现实中的阴影从来也不会描绘出比源材料（阴影）或背景（获得阴影的区域）更淡的颜色或色调的特征。

5. 颜色加深（Color Burn）模式

让底层的颜色变暗，有点类似于正片叠底，但不同的是，它会根据叠加的像素颜色相应增加底层的对比度。和白色混合没有效果。

6. 线性颜色加深（Linear Burn）模式

同样类似于正片叠底，通过降低亮度，让底色变暗以反映混合色彩。和白色混合没有效果。

7.颜色减淡（Darken）模式

在此模式下，仅采用了其他层上颜色（或颜色减淡模式中应用的着色）比背景颜色更暗的这些层上的色调。这种模式导致比背景颜色更淡的颜色从合成图像中去掉。

8.变亮（Hard Light）模式

除了根据背景中的颜色而使背景色是多重的或屏蔽的之外，这种模式实质上同柔光模式是一样的。它的效果要比光模式更强烈一些，这种模式也可以在背景对象的表面模拟图案或文本。

9.滤色(Screen)模式

“滤色”模式与“正片叠底”模式正好相反，它将图像的“基色”颜色与“混合色”颜色结合起来产生比两种颜色都浅的第三种颜色。其实就是将“混合色”的互补色与“基色”复合。“结果色”总是较亮的颜色。用黑色过滤时颜色保持不变。用白色过滤将产生白色。无论在“滤色”模式下用着色工具采用一种颜色，还是对“滤色”模式指定一个层，合并的“结果色”始终是相同的合成颜色或一种更淡的颜色。此效果类似于多个摄影幻灯片在彼此之上投影一样。此“滤色”模式对于在图像中创建霓虹晕光效果是有用的。如果在层上围绕背景对象的边缘涂了白色或任何淡颜色，然后指定层“滤色”模式，通过调节层的“不透明度”设置就能获得饱满或稀薄的晕光效果。

10.颜色减淡(Color Dodge)模式

在“颜色减淡”模式中，查看每个通道中的颜色信息，并通过减小对比度使基色变亮以反映混合色。与黑色混合则不发生变化。除了指定在这个模式的层上边缘区域更尖锐，以及在这个模式下着色的笔画之外，“颜色减淡”模式类似于“滤色”模式创建的效果。另外，不管何时定义“颜色减淡”模式混合“混合色”与“基色”像素，“基色”上的暗区域都将会消失。除了指定在这个模式的层上边缘区域更尖锐，以及在这个模式下着色的笔画之外，颜色减淡模式类似于滤色模式创建的效果。另外，不管何时定义颜色减淡模式混合前景与背景像素，背景图像上的暗区域都将会消失。

11.线性减淡（添加）(Linear Dodge)模式

在“线性减淡”模式中，查看每个通道中的颜色信息，并通过增加亮度使基色变亮以反映混合色。但是大家可不要与黑色混合，那样是不会发生变化的。

12. 叠加（Overlay）模式

这种模式以一种非艺术逻辑的方式把放置或应用到一个层上的颜色同背景色进行混合，然而，却能得到有趣的效果。背景图像中的纯黑色或纯白色区域无法在叠加模式下 显示层上的叠加着色或图像区域。背景区域上落在黑色和白色之间的亮度值同叠加材料的颜色混合在一起，产生最终的合成颜色。为了使背景图像看上去好像是同设计或文本一起拍摄的，叠加可用来在背景图像上画上一个设计或文本。

13.柔光（Soft Light）模式

Soft Light模式根据背景中的颜色色调，把颜色用于变暗或加亮背景图像。例如，如果在背景图像上涂了50%黑色，这是一个从黑色到白色的梯度，那着色时梯度的较暗区域变得更暗，而较亮区域呈现出更亮的色调。其实使颜色变亮或变暗，具体取决于“混合色”。此效果与发散的聚光灯照在图像上相似。如果“混合色”比50%灰色亮，则图像变亮，就像被减淡了一样。如果“混合色”比50%灰色暗，则图像变暗，就像被加深了一样。用纯黑色或纯白色绘画会产生明显较暗或较亮的区域，但不会产生纯黑色或纯白色。

14. 强光(Hard Light)模式

“强光”模式将产生一种强光照射的效果。如果“混合色”颜色比“基色”颜色的像素更亮一些，那么“结果色”颜色将更亮；如果“混合色”颜色比“基色”颜色的像素更暗一些，那么“结果色”将更暗。除了根据背景中的颜色而使背景色是多重的或屏蔽的之外，这种模式实质上同“柔光”模式是一样的。它的效果要比“柔光”模式更强烈一些，同“叠加”一样，这种模式也可以在背景对象的表面模拟图案或文本，例如，如果混合色比50%灰色亮，则图像变亮，就像过滤后的效果。这对于向图像中添加高光非常有用。如果混合色比50%灰色暗，则图像变暗，就像复合后的效果。这对于向图像添加暗调非常有用。用纯黑色或纯白色绘画会产生纯黑色或纯白色。

15. 亮光(Vivid Light)模式

通过增加或减小对比度来加深或减淡颜色，具体取决于混合色。如果混合色（光源）比50%灰色亮，则通过减小对比度使图像变亮。如果混合色比50%灰色暗，则通过增加对比度使图像变暗。

16. 线性光(Linear Light)模式

通过减小或增加亮度来加深或减淡颜色，具体取决于混合色。如果混合色（光源）比50%灰色亮，则通过增加亮度使图像变亮。如果混合色比50%灰色暗，则通过减小亮度使图像变暗。

17. 点光(Pin Light)模式

“点光”模式其实就是替换颜色，其具体取决于“混合色”。如果“混合色”比50%灰色亮，则替换比“混合色”暗的像素，而不改变比“混合色”亮的像素。如果“混合色”比50%灰色暗，则替换比“混合色”亮的像素，而不改变比“混合色”暗的像素。这对于向图像添加特殊效果非常有用。

18. 差值（Dierence）模式

“差值”模式使用层上的中间色调或中间色调的着色是最好不过的。这种模式创建背景颜色的相反色彩。例如，在Difference模式下，当把蓝色应用到绿色背景中时将产生一种青绿组合色。此模式适用于模拟原始设计的底片，而且尤其可用来在其背景颜色从一个区域到另一区域发生变化的图像中生成突出效果。

19. 排除（Exclusion）模式

这种模式产生一种比D1fference模式更柔和、更明亮的效果。无论是Difference还是Exclusion模式都能使人物或自然景色图像产生更真实或更吸引人的图像合成。“排除”模式与“差值”模式相似，但是具有高对比度和低饱和度的特点。比用“差值”模式获得的颜色要柔和、更明亮一些。建议在处理图像时，首先选择“差值”模式，若效果不够理想，可以选择“排除”模式来试试。其中与白色混合将反转“基色”值，而与黑色混合则不发生变化。其实无论是“差值”模式还是“排除”模式都能使人物或自然景色图像产生更真实或更吸引人的图像合成。

20. 色相（Hue）模式

决定生成颜色的参数包括：底层颜色的明度与饱和度，上层颜色的色调。“色相”模式只用“混合色”颜色的色相值进行着色，而使饱和度和亮度值保持不变。当“基色”颜色与“混合色”颜色的色相值不同时，才能使用描绘颜色进行着色。但是要注意的是“色相”模式不能用于灰度模式的图像。

21. 饱和度（Saturation）模式

饱和度模式使用层上颜色（或用着色工具使用的颜色）的强度（颜色纯度），且根据颜色强度强调背景图像上的颜色。“饱和度”模式的作用方式与“色相”模式相似，它只用“混合色”颜色的饱和度值进行着色，而使色相值和亮度值保持不变。当“基色”颜色与“混合色”颜色的饱和度值不同时，才能使用描绘颜色进行着色处理。在无饱和度的区域上（也就是灰色区域中）用“饱和度”模式是不会产生任何效果的。例如，在把纯蓝色应用到一个灰暗的背景图像中时，显出了背景中的原始纯色，但蓝色并未加入到合成图像中。如果选择一种中性颜色（一种并不显示主流色度的颜色），对背景图像不发生任何变化。

22.颜色（Color）模式

决定生成颜色的参数包括：底层颜色的明度，上层颜色的色调与饱和度。这种模式能保留原有图像的灰度细节。这种模式能用来对黑白或者是不饱和的图像上色。“颜色”模式能够使用“混合色”颜色的饱和度值和色相值同时进行着色，而使“基色”颜色的亮度值保持不变。“颜色”模式可以看成是“饱和度”模式和“色相”模式的综合效果。该模式能够使灰色图像的阴影或轮廓透过着色的颜色显示出来，产生某种色彩化的效果。这样可以保留图像中的灰阶，并且对于给单色图像上色和给彩色图像着色都会非常有用。

23.明度（Luminosity）模式

决定生成颜色的参数包括：底层颜色的色调与饱和度，上层颜色的明度。该模式产生的效果与Color模式刚好相反，它根据上层颜色的明度分布来与下层颜色混合。“亮度”模式能够使用“混合色”颜色的亮度值进行着色，而保持“基色”颜色的饱和度和色相数值不变。其实就是用“基色”中的“色相”和“饱和度”以及“混合色”的亮度创建“结果色”。此模式创建的效果是与“颜色”模式创建的效果相反。

第四节 ///// 使用图层样式

图层样式可以对图层内容快速应用效果，可查看图层样式的预定效果如图8-4-1，也可以通过图层应用多种效果来创建自定样式。可使用下面的一种或多种效果创建自定样式：

投影：在图层内容的后面添加阴影。

内阴影：在图层内容的边缘内并紧凑靠边缘添加阴影，使图层具有凹陷外观。

外发光和内发光：添加从图层内容的外边缘或内边缘的发光的效果。

斜面和浮雕：对图层添加高光与暗调的各种组合。

颜色：渐变和图案叠加，用颜色、渐变或图案填充图层内容。

描边：使用颜色、渐变或图案在当前图案图层上勾勒对象的轮廓。它对于应变的形状（如文字）特别有用。

图8-4-1

应用创建自定样式制作步骤

1.打开任意一张素材图。（如图8-4-2）

图8-4-2

2.用文字工具在画面中输入如图8-4-3所示文字（其[字体]为宋体，[字体大小]为48）。

图8-4-3

3.在图层面板中单击文字图层，鼠标右键点击[混合选项]，弹出如图8-4-4所示的下拉菜单，并在其中选择[投影]命令。

4.在[投影]栏中单击调整投影角度，如图8-4-5所示。再根据需要设定其他选项进行设定。在[斜面和浮雕]栏中调整如图8-4-6所示，在[渐变叠加]栏中调整如图8-4-7所示。

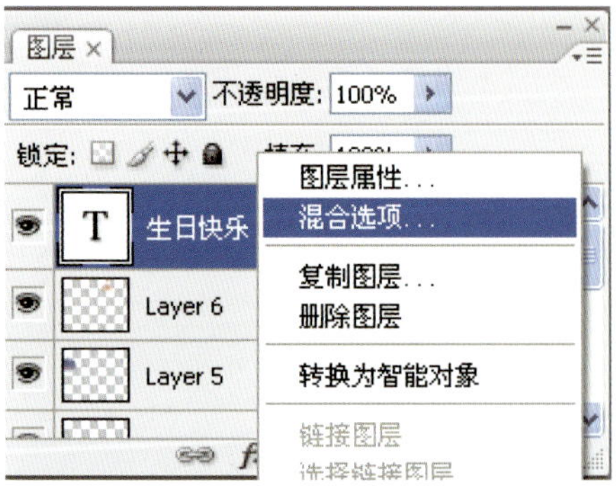

图8-4-4

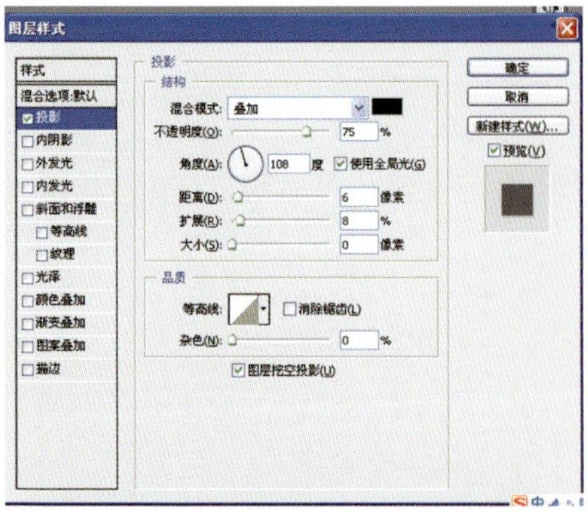

图8-4-5

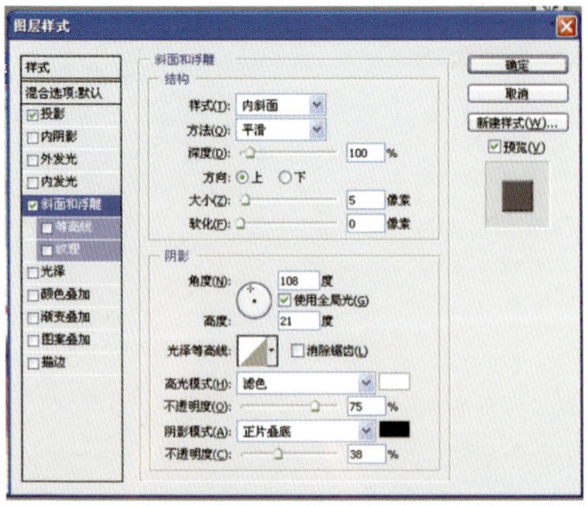

图8-4-6

5.在[图层样式]对话框的右上角单击[新建样式]按钮，弹出[新样式]对话框，可在其中为新建的样式命名，如图8-4-8所示，单击[确定]按钮，返回[图层样式]的对话框中。

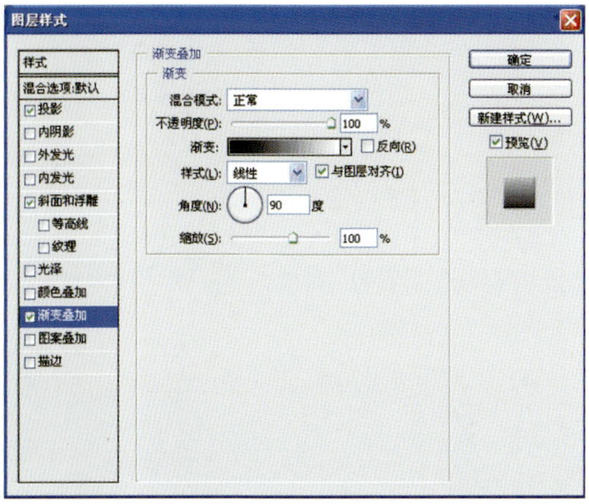

图8-4-7

6.在菜单[窗口]中找到[样式]后勾选，可显示如图8-4-9所示面板，此时可看到面板中已经添加了一个文字样式，以备以后用同样的文字设计样式。

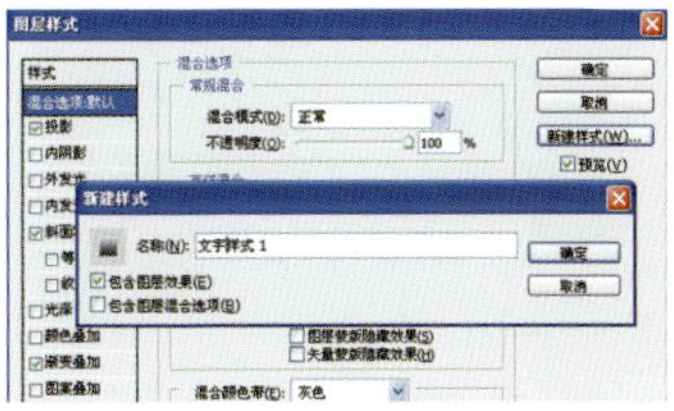

图8-4-8

图8-4-9

第五节 ///// 图层的对齐与链接

当对几个图层同时移动或对齐等同时编辑的情况下进行连接。

1.按住Shift键，鼠标单击将要连接的图层。进行选择，如图8-5-1所示。

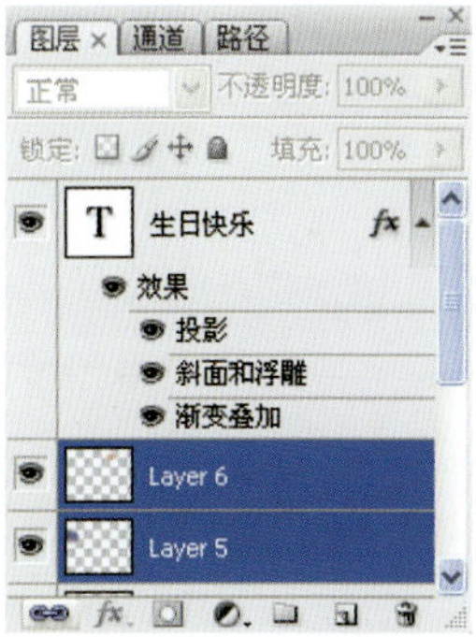

图8-5-1

在菜单[图层]单击[链接图层]，如图8-5-2所示。

2.在菜单[图层]单击[对齐]如图8-5-3所示，调整背景层的位置关系。

3.编辑后，取消连接，在菜单[图层]单击[取消链接图层]。

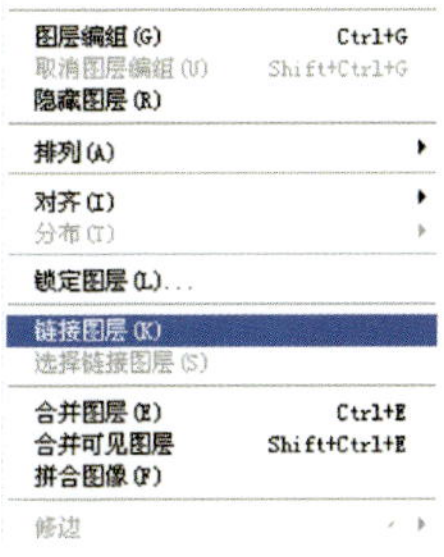

图8-5-2

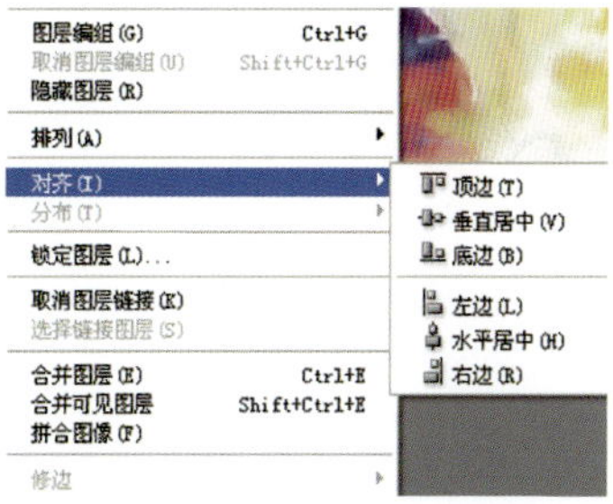

图8-5-3

第六节 ///// 图层合并

图层有三种合并方式，分别为向下合并、合并可如图层、合并图像。可以通过菜单[图层]单击所需要的合并方式。或是将图层面板中右上角倒三角面板打开，进行选择。

向下可并：将现有的图层和它的下一层图层进行合并，并只能合并一层；合并可如图层：将要合并的为图层显示，将显示图层前缩略图前方的“眼睛”显示了；合并图像：是将所有的图层合并，如果有隐藏的图层，在合并前会提示是否扔掉隐藏图层，根据作图需要来选择图层合并的方式。

第七节 ///// 图层组

创建图层组，直接在图层面板中创建图层组，在图层面板中单击[创建新组]按钮，如图8-7-1所示。

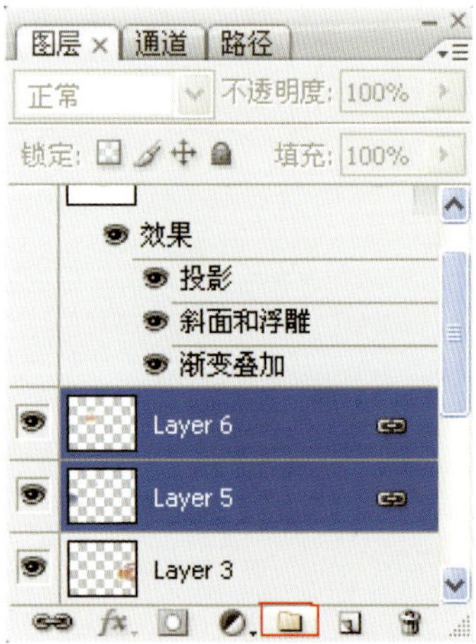

图8-7-1

也可以由菜单命令来创建图层组，在菜单栏中执行[图层]/[新建]/[组]，如图8-7-2所示。

弹出[新建组]对话框，在其中可设定图层组的名称、颜色、模式和不透明度，如图8-7-3所示。

设定好后单击确定，可创建一个图层组。还可以由链接图层创建图层组，在[图层]面板中激活图层6，在按住Shift键，单击图层5、图层3和图层2，点击链接键进行链接，如图8-7-4所示。

在菜单栏中执行[图层]/[新建]/[从图层建立组]命令，弹出如图8-7-5所示，

同样在其中根据需要进行设置，如图8-7-6所示。

图8-7-2

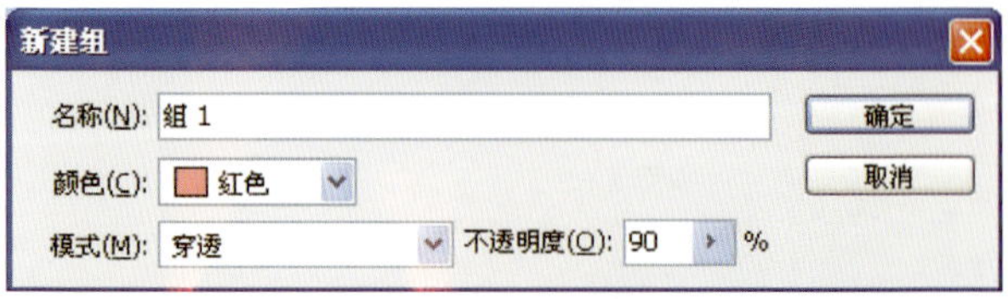

图8-7-3

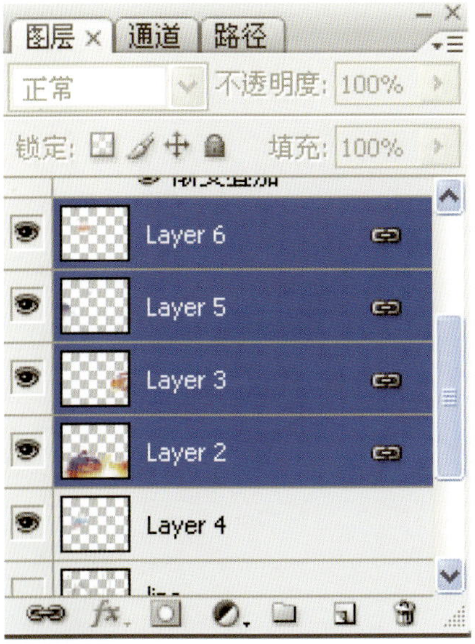

图8—7—4

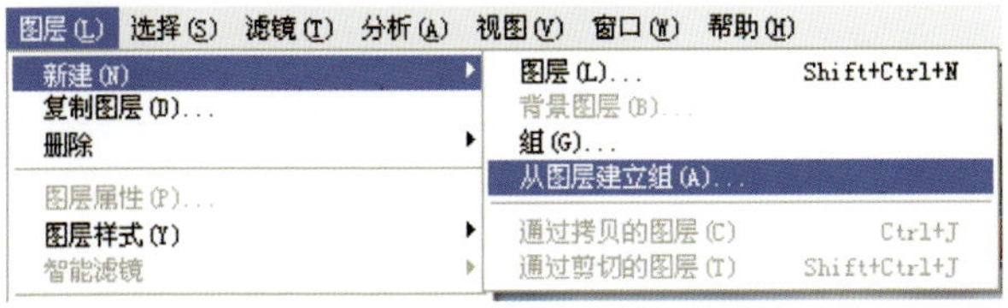

图8—7—5

图8—7—6

设置好后单击确定，即可创建一个来自链接图层的图层组，如图8—7—7所示。

单击小三角形按钮可展开或折叠图层组，展开的图层组如图8—7—8所示。

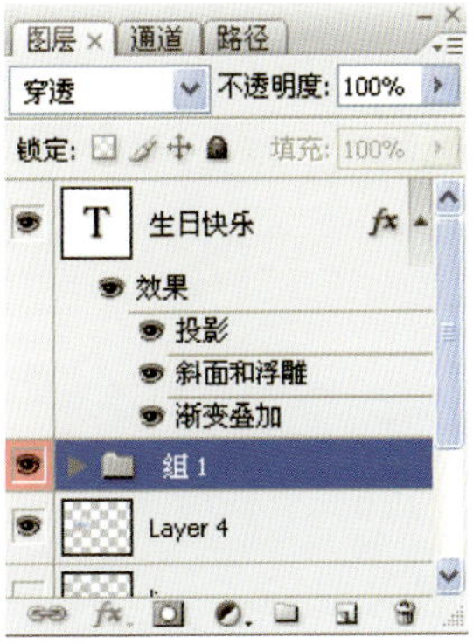

图8—7—7

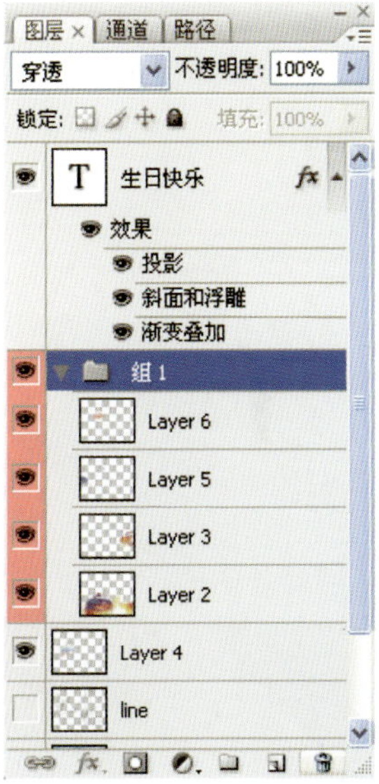

图8—7—8

[复习参考题]

◎ 在实际的作品中灵活应用图层对平面招贴做设计。

第九章 通道与蒙版的使用

本章重点

1. 通道与蒙版的概念及类型。
2. 各种通道和蒙版的使用。
3. 利用通道和蒙版进行图像合成的技巧和方法。

学习目标

通过实例的讲授使学生能了解通道与蒙版相关的知识，且能熟练地运用通道和蒙版进行图像合成的处理。

建议学时

4学时。

第九章　通道与蒙版的使用

第一节 ////// 认识通道

通道在Photoshop软件中有着十分重要的地位。可以说它是Photoshop使用中最有表现力的一种处理平台。通道在Photoshop中主要作用：

1.作为选区使用，可以存储选区和制作选区，可称为“选取功能”。

2.我们可以对它进行编辑，对各原色通道进行明暗度、对比度的调整，还可对原色通道单独执行滤镜命令，从而制作出多种特殊效果。

提示：

当图像的颜色与模式不同时，通道的数量和模式也会不同，在Photoshop中通道主要分为4种：复合通道、单色通道、专色通道、Alpha通道。

★复合通道：不同模式的图像其通道的数量不一样，复合通道，我们可以理解为叠加每个图像通道后用于表示图像颜色通道综合的通道为复合通道。如：RGB模式下处于通道面板中第一层的“RGB”通道为复合通道，CMYK模式下处于通道面板中第一层的“CMYK”通道为复合通道，而下面的层代表拆分后的单色通道。图9-1-1～9-1-6为各种模式下的通道：

图9-1-1　RGB模式下的通道，最上层“RGB”为复合通道，下面的分别为“红”色通道、“绿”色通道、“蓝”色通道

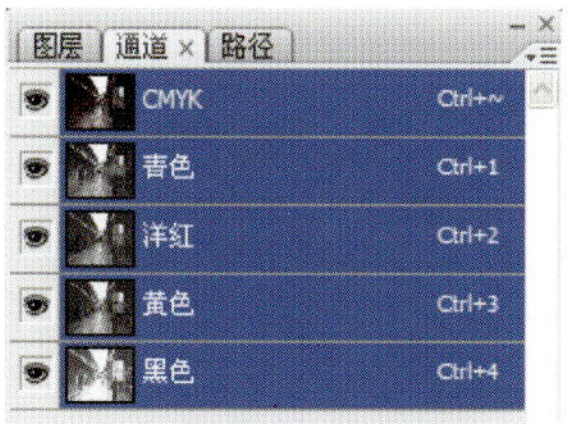

图9-1-2　CMYK模式下的通道

图9-1-3　LAB模式下的通道

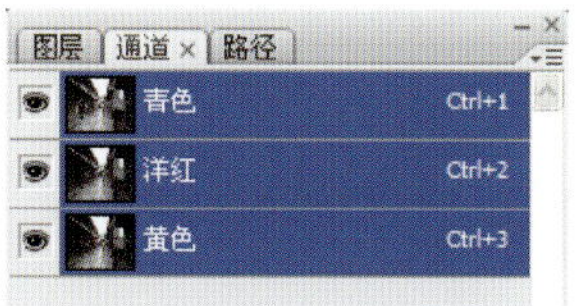

图9-1-4　多通道模式下的通道

图9-1-5　索引模式下的通道

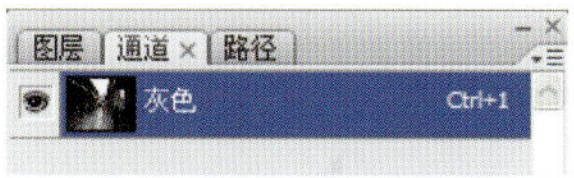

图9-1-6　灰度模式下的通道

提示：

Photoshop中图像都有一个通道或多个通道，颜色通道数取决于色彩模式。每个颜色通道都存放着图像颜色元素的信息，图像中的色彩像素是通过叠加每一个颜色通道而获得的。在四色印刷中，一幅彩色图像要分别通过对蓝、红、黄、黑四个色版叠加印刷才能够得到，这就相当于CMYK图像模式下图像的4个通道“青色、洋红、黄色、黑色”。

★单色通道：Photoshop中单色通道分别代表着模式中的某种颜色的明暗信息，如红色通道，记录的就是图像中不同位置红色的深浅（即红色的灰度），所以都显示为灰色，它用0～256级亮度的灰来表示颜色。

★Alpha通道：用于保存蒙版，让被屏蔽的区域不受任何编辑操作的影响，从而增强图像的编辑操作。

★专色通道：主要用于满足特殊印刷，比如，我们要在一张彩色图版上烫几个金色的字（或其他的特殊效果），在印刷中烫金色的字需要单独的印刷工艺，所以在制作图像时就需要设置专色通道来满足这一要求。在图像中添加了专色通道后，必须将图像转换为多通道模式才能进行印刷输出。

第二节 [通道]调板的作用与基本操作

利用[通道]调板可以完成创建、合并以及拆分通道等所有的通道操作。

一、[通道]调板的认识

在Photoshop菜单中点击[通道]/[通道]即可打开通道面板。（如图9-2-1）

★（显示/隐藏通道）图标：此图标为显示或隐藏通道图标。

★通道缩览图：位于“显示或隐藏通道”图标之后，主要作用是显示当前通道的颜色信息。

★通道名称：通道缩览图右侧为通道名称，通过它可以快速识别通道，各原色通道的名称是不可以改变的，用户添加的“Alpha通道”和“专色通道”的名称是可以修改的。通道的左侧是通道的快捷键。

★（将通道作为选区载入）按钮：可将通道中的浅颜色作为选区进行载入，与快捷键Ctrl键+单击该通道功能一样。

★（蒙版）按钮：可将当前选择区存储为通道。该按钮只有在通道中有选区时才能使用。

★（新建）按钮：可创建一个新的通道。

★（删除）按钮：将当前选择的通道删除与把鼠标移到通道上点右键选删除一样。

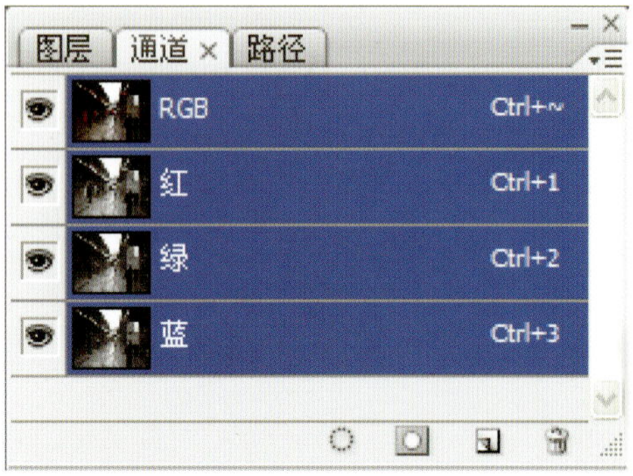

图9-2-1 Photoshop通道面板

二、[通道]调板的基本操作

除上面我们所提到的操作如新建、删除、添加蒙版和选区载入外，[通道]调板中的基本操作还有复制、新建专色通道、合并专色通道、分离通道、合并通道以及通道调板选项。

★复制通道：把鼠标移到需要复制的通道上点右键选复制通道或者把鼠标移到需要复制的通道上点按左键不松开拖到“新建”按钮上松开鼠标。

★新建专色通道、合并专色通道、分离通道、合并通道以及通道调板选项：点击右边向下三角形可打开通道操作选项对话框，如我们前面所讲的新建、复制、删除命令都在其中，除此之外还有新建专色通道、合并专色通道、分离通道、合并通道以及通道调板选项，用户可以根据需求进行操作。

第三节 通道计算

通道的计算用的很少，它的计算就像图层的混合一样，图层的混合有正片叠底、变暗等等，通道的计算也同样有这么多的模式，所不同的是图层的混合不会产生新的图层，而通道的混合会产生新的通道，是两种通道按一种混合模式混合产生的。

选择菜单[图像]/[计算]命令就可进行通道计算对话框中。（如图9-3-1）

★源1选项：用来计算的第一个素材源（一般为当前图像），其中包括了素材源、用来计算的图层和用来计算的通道（素材、图层、通道都可进行选择）。

★源2选项：用来计算的第二个素材源（可为当前图像素材也可为打开的其他素材），其中包括了素材源、用来计算的图层和用来计算的通道（素材、图层、通道都可进行选择）。

★混合选项：为混合模式的选择，与图层混合模式一样的选项。

★结果选项：结果选项为“新建通道”和“选区”两个选项。

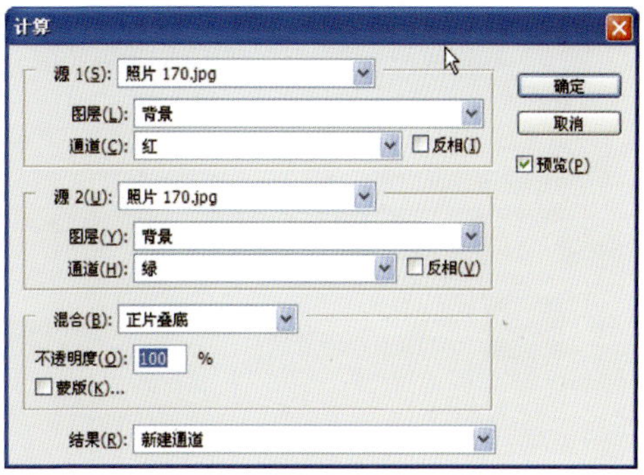

图9—3—1　Photoshop通道计算对话框

第四节 ///// 认识蒙版

蒙版是浮在图层之上的一块挡板，它本身不包含图像数据，只是对图层的部分数据起遮挡作用，当对图层进行操作处理时，被遮挡的数据将不会受影响。蒙版其实就是Photoshop里面的一个层，最常见的是单色的层或有图案的层。

Photoshop蒙版主要分为图层蒙版和快速蒙版两种，都可创建、编辑和保存选区。

第五节 ///// 建立蒙版

一、建立图层蒙版

图层蒙版是一个8位灰度图像，黑色表示图层的透明部分，白色表示图层的不透明部分。灰色表示图层中的半透明部分。编辑图层蒙版，实际上就是对蒙版中黑、白、灰三个色彩区域进行编辑。使用图层蒙版可以控制图层中的不同区域如何被隐藏或显示。通过更改图层蒙版，可以将大量特殊效果应用到图层，而不会影响该图层上的像素。

创建图层蒙版的方法很多，具体可分3种方法创建：

（1）利用工具箱中的任意一种选区工具在已打开的图像上创建一选区，然后执行菜单中的[图层]/[添加图层蒙版]命令，即可得到一个图层蒙版。在选择区域后，也可对选区进行羽化再添加蒙版可得到一个虚化的蒙版效果。

（2）在图像中有选区的状态下，可在[图层]面板中单击按钮可将选区以外的图像部分添加上蒙版；如果图像中没有选区，点击图层面板中按钮可以为整个画面添加上蒙版。

（3）在图像中有选区的状态下，可在[通道]面板中单击按钮可将选区保存在通道中，并产生一个具有蒙版性质的通道。

提示：

蒙版只能在图层上新建或通道中生成，图像的背景层上无法建立蒙版，如果要给背景层创建蒙版，我们必须先复制背景层，在复制后的层中进行创建。

给图层中添加蒙版后，图层蒙版各部分的含义如图9—5—1所示。

提示：

图层与蒙版的链接图标只有在链接状态下蒙版操

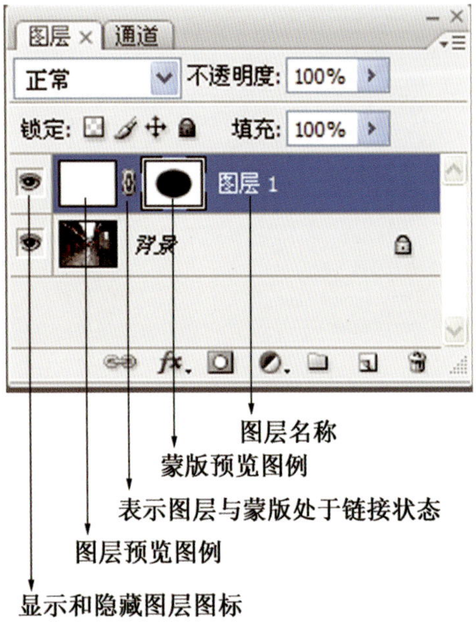

图9—5—1 Photoshop图层蒙版对话框

作才起作用，如果不在链接状态下，则是对图层进行操作，而不是对蒙版进行操作。

二、建立快速蒙版

快速蒙版是一种临时蒙版，使用快速蒙版不会对图像进行修改，只建立图像的选区。它可以在不使用通道的情况下快速地将选区范围转为蒙版，然后在快速蒙版编辑模式下进行编辑，当转为标准编辑模式时，未被蒙版遮住的部分变成选区范围。

创建快速蒙版的方法是在工具箱中点击按钮会将状态转化为按钮，也就是由正常编辑模式转换成了快速蒙版编辑模式状态（其快捷键为Q，连续按Q键可在正常编辑模式和快速蒙版编辑模式之间进行切换）。

★（正常编辑模式）按钮：Photoshop默认的编辑模式。

★（快速蒙版编辑模式）按钮：快速蒙版编辑模式是用来创建选区，在快速蒙版编辑模式编辑操作不是针对图像操作，而是对快速蒙版进行操作的，同时[通道]面板中会增加一个临时的快速蒙版通道；在快速蒙版编辑模式可用画笔、橡皮、选区等工具进行操作。

双击鼠标左键工具箱中的按钮可弹出[快速蒙版选项]面板。

提示：

使用图层蒙版需要在[通道]面板中保存该蒙版，但使用快速蒙版时，[通道]面板中会出现一个临时的快速蒙版通道，当操作结束后，[通道]面板中将不会保存该蒙版，而直接生成选择区。

第六节 //// 实例制作

一、利用快速蒙版进行选择

设计目标效果：

图9—6—1 Photoshop快速蒙版实例原图

图9—6—2　Photoshop快速蒙版实例效果图

操作步骤：

（1）打开原文件。

（2）把“貔貅.jpg”文件作为当前文件，将[图层]面板显示于工作窗口。

（3）点击工具栏中的 [icon] 工具使状态变为 [icon] 状态，选择工具栏中的 [icon]（画笔）工具在貔貅图像上画，所画颜色为半透明的红色。

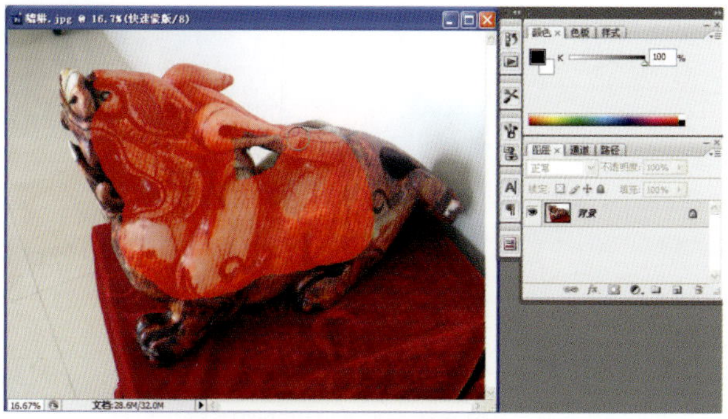

图9—6—3

提示：

画笔笔头大小的调整用“[ ]”键，描轮廓时用小一点的笔头，填中间大面积时用大一点的笔头，画出去了可以用 [icon]（橡皮擦）工具擦掉即可。

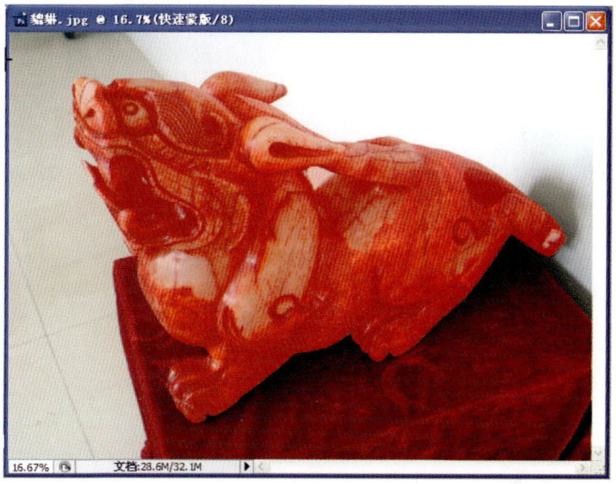

图9—6—4

（4）用画笔描绘完成。

（5）点击 [icon] 状态变为 [icon] 状态，将窗口切换为标准编辑窗口模式，选择菜单[选择]/[反向]（快捷键：Shift+Ctrl+I），将选区反向。

图9—6—5

提示：

此时的选区为未填充的部分在选区之内，填充部分在选区之外。

（6）选择菜单[编辑]/[拷贝]（快捷键：Ctrl+C），选择菜单[编辑]/[粘贴]（快捷键：Ctrl+V）。

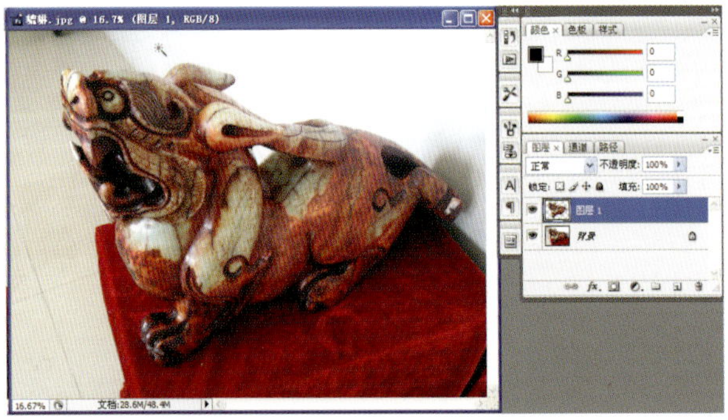

图9-6-6

（7）把背景层作为当前图层，创建一新层，并填充前景色蓝色。

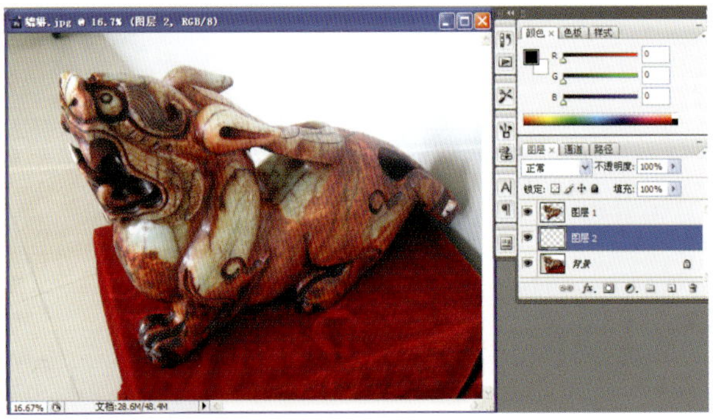

图9-6-7

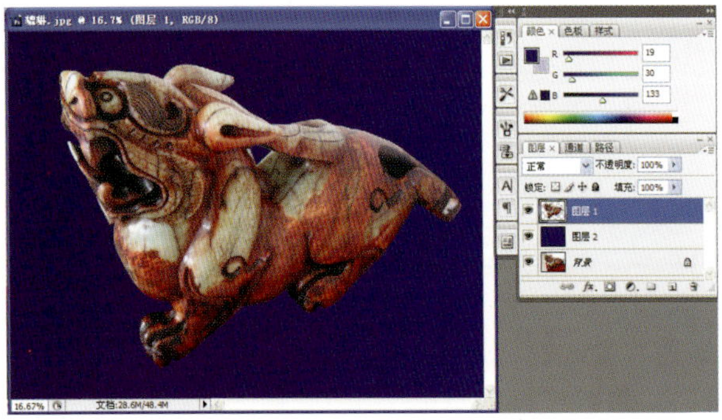

图9-6-8

（8）用快速蒙版进行选区操作完成。

二、利用图层蒙版进行图像合成

设计目标效果：

图9-6-9A

图9-6-9B

图9-6-10 效果合成图

解题思路：

利用图层蒙版原理，结合渐变工具进行图像合成处理。

操作步骤：

（1）打开原文件。

图9—6—11

（2）把“银器.jpg”文件复制到“光照.jpg”文件中，光照为背景层银器为图层1，将[图层]面板显示于工作窗口。

图9—6—12

（3）把“银器”图层（图层1）作为当前编辑层，添加[图层蒙版]，在工具栏中选择[渐变]工具，将前景色为黑色，背景色为白色，属性栏中的渐变模式为“前景到透明色”渐变方式为“径向渐变”，把“图层1”进行蒙版操作，使其自然。

提示：

前景色为黑色，背景色为白色这种状态下，我们使用渐变会显出背景层的图像，如果渐变不理想，把“图层1”想保留的部分透明化了，这时只要把前景色和背景色对调（反向）即可；另外，在图层蒙版中也可以采取选区填充的方式（选区可进行羽化处理）。

图9—6—13

三、利用通道选取云彩进行图像合成

设计目标效果：

图9—6—14

图9-6-15

图9-6-16　效果合成图

解题思路：

（1）利用通道将画面中的白云选取后复制。

（2）把复制的白云粘贴到湖水文件中并调整大小。

（3）利用蒙版工具进行修改。

操作步骤：

（1）打开原文件。

（2）把“蓝天白云.jpg”文件作为当前文件，将[通道]面板显示于工作窗口。

（3）分析[通道]面板中的三个单色通道“红、绿、蓝”，只有红色通道对比度最强，所以将红色通道复制一个副本。

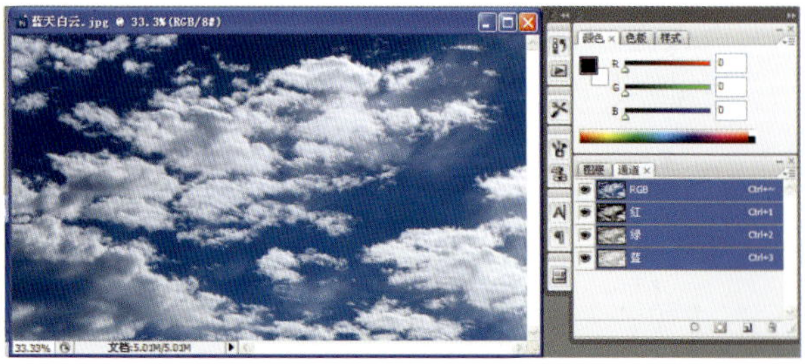

图9-6-17

提示：白色部分是保留的部分，黑色部分是被透明的部分，灰色部分为半透明部分，所以选择对比度较强的通道，有利于选择。而复制一个副本是为了不破坏原图像。

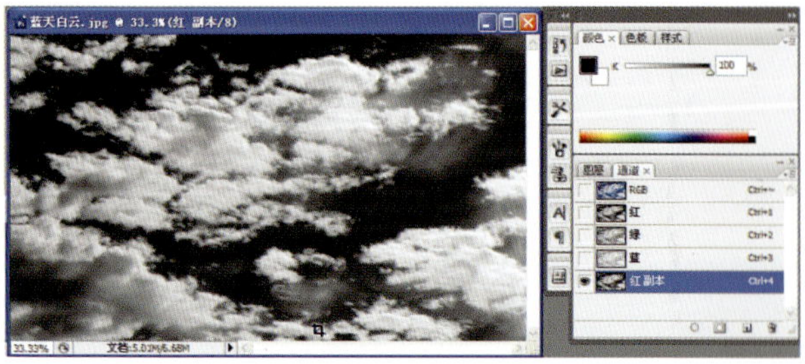

图9-6-18

（4）选择红色副本通道层，然后点击　（将通道作为选区载入）按钮，图像中出现选区。

提示：

此时会发现白色的区域已经被选中，黑色的区域没有被选中，有些灰色的区域也没有被选中，这时我们不要管灰色区域，也不要用其他工具再选择，因为灰色区域实际上已经被选中了，只是显示问题。

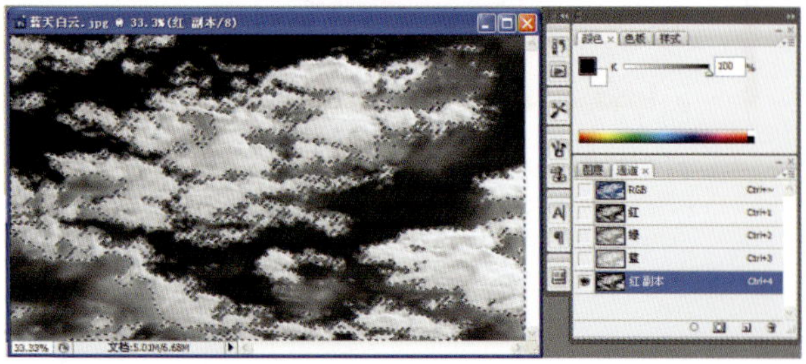

图9-6-19

（5）用鼠标点击混合通道，返回彩色显示，点击[编辑]菜单下的[拷贝]命令（Ctrl+C）。

提示：

只有返回混合通道后复制的才是全彩色图像像素。

（6）选择“湖水.jpg”文件为当前编辑状态，点击[编辑]菜单下的[粘贴]命令（Ctrl+V），移动到合适的位置并用[编辑]菜单下的[自由变换]命令（Ctrl+T）调整大小为湖面大小。

图9－6－20

（7）将云层图层再复制一个副本，并对其进行镜像操作（[编辑]菜单下的[变换]/[垂直翻转]命令），调整其位置。

图9－6－21

（8）给“图层1副本”添加图层蒙版，选择工具箱中间的渐变工具，把前景色设置的黑色，背景色为白色，渐变模式为“前景到透明”方式为“线性渐变”，把“图层1副本”进行由下往上进行蒙版操作，使其自然，并将其“图层”面板中的“不透明度”设置为90%。

图9－6－22

（9）选择“图层1”为当前编辑层，将下部分多余的云彩用选区工具将其删除，选择工具箱中间的渐变工具，把前景色设置的黑色，背景色为白色，渐变模式为“前景到透明”方式为“线性渐变”，把“图层”进行由上往下进行蒙版操作，使其自然，将其“图层”面板中的“不透明度”设置为70%，并将图层混合模式设置为“柔光”。图像编辑完成。

图9－6－23

四、利用通道选取婚纱进行图像合成

设计目标效果：

图9—6—24

图9—6—25

图9—6—26

解题思路：

（1）利用通道将画面中的主题人物和婚纱选取后复制。

（2）把复制的人物和婚纱粘贴到风景文件中并调整大小。

（3）利用工具进行修改、完善。

操作步骤：

（1）打开原文件。

图9—6—27

（2）把“婚纱.jpg”文件作为当前文件，将[通道]面板显示于工作窗口。分析[通道]面板中的三个单色通道“红、绿、蓝”，观察以现蓝色通道对比度最强，所以将蓝色通道复制一个副本，并将蓝色通道作为当前编辑通道层。

（3）用选取工具（可用套索、钢笔等工具）主题物以外的背景，并填充为黑色。

图9—6—28

（4）点击菜单[选择]/[反向]（快捷键：Shift+Ctrl+I），用选区创建方法，减除婚纱半透明区域，把人物作为选区，进行白色填充。

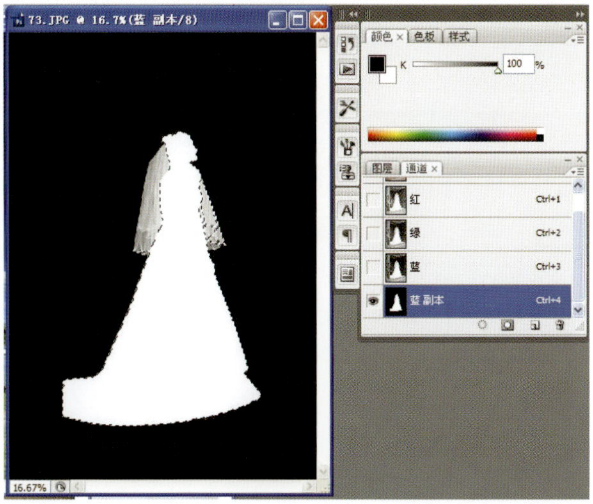

图9—6—29

提示：

背景填充为黑色是因为我们要去除背景，人物填充成白色是因为人物不可能是半透明的，人物部分我们不需要透明，所以填充为白色，而除这两个部分以外的纱则需要半透明，我们正好利用通道中婚纱的灰来进行半透明，所以我们不要进行处理，保留原样。

（5）选择蓝色副本通道层，然后点击（将通道作为选区载入）按钮，图像中出现选区，用鼠标点击混合通道，返回彩色显示，点击[编辑]菜单下的[拷贝]命令（Ctrl+C）。

（6）选择“风景.jpg”文件为当前编辑状态，点击[编辑]菜单下的[粘贴]命令（Ctrl+V），将[粘贴]的婚纱层移动到合适的位置并用[编辑]菜单下的[自由变换]命令（Ctrl+T）调整大小为适宜的大小。

（7）通过校色工具进行校色，完成图像合并操作。

图9—6—30

图9—6—31

五、利用通道进行颜色调整

设计目标效果：

解题思路：

利用[通道]中的 （将通道作为选区载入）按钮分别对“红”“绿”“蓝”三个单色通道进行[色彩平衡]的调整，达到修改图像色调的效果。

图9-6-32

图9-6-33

操作步骤：

（1）打开原文件。

（2）把“云彩.jpg”文件作为当前文件，将[通道]面板显示于工作窗口。对[通道]面板中的三个单色通道中的“红”色通道作为选区载入。

图9-6-34

（3）对“红”色通道进行参数调整。

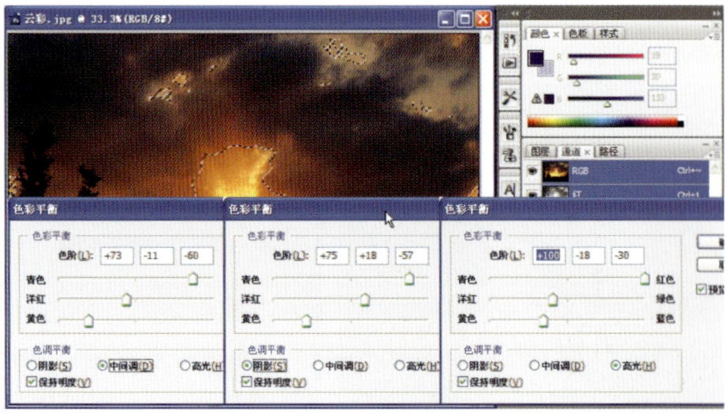

图9-6-35

（4）将[通道]面板中的三个单色通道中的“绿”色通道作为选区载入，对“绿”色通道进行参数调整。

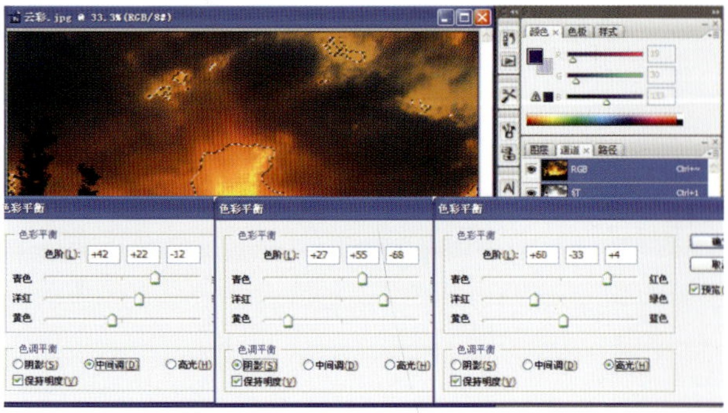

图9-6-36

（5）将[通道]面板中的三个单色通道中的“蓝”色通道作为选区载入，对“蓝”色通道进行参数调整。

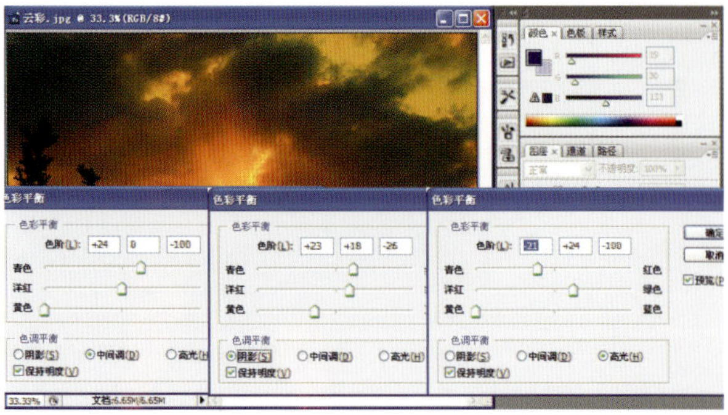

图9-6-37

六、利用通道制作浮雕效果

设计目标效果：

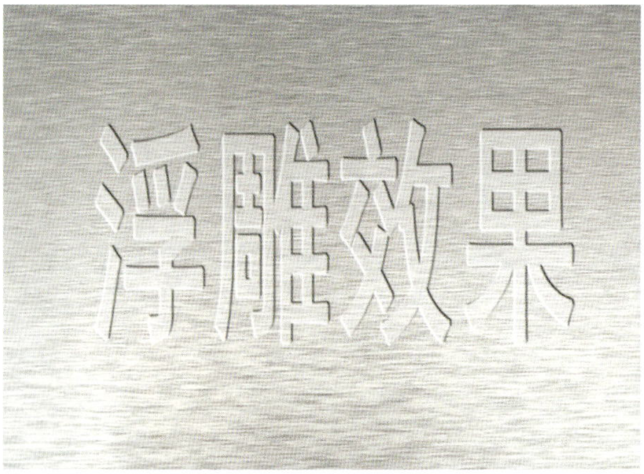

图9-6-38　利用通道制作浮雕效果

解题思路：

（1）利用通道保存选区。

（2）利用滤镜和图像/调整命令制作特效。

操作步骤：

（1）打开原文件，把“拉丝.jpg”文件作为当前文件，将[图层]面板显示于工作窗口，并将背景图层复制一层。

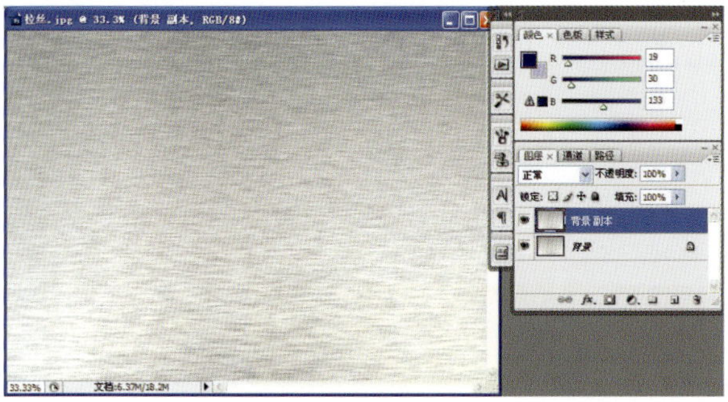

图9-6-39

（2）打开[通道]面板，新建“Alpha 1”通道，选择工具栏中的“文字”工具，在“Alpha 1”通道中输入“浮雕效果”文字，黑体，如图。

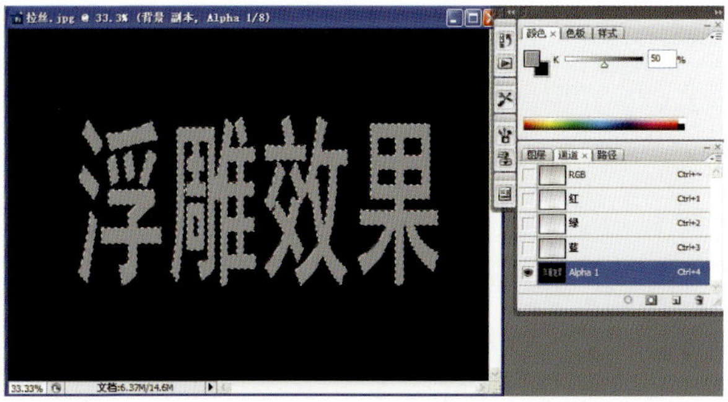

图9-6-40

（3）选择[选择]/[取消选择]菜单，取消选择，并复制“Alpha 1”通道为“Alpha 1副本”通道，对“Alpha 1副本”通道进行[滤镜]/[模糊]/[高斯模糊]设置，参数如图设置。

图9-6-41

（4）选择[滤镜]/[风格化]/[浮雕效果]菜单设置，参数如图设置。

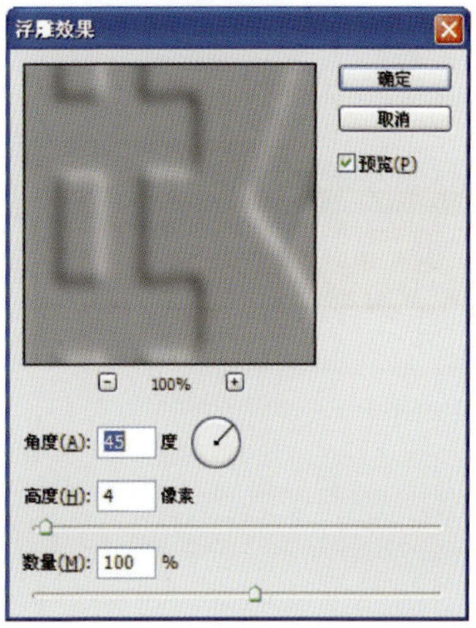

图9-6-42

(5) 对“Alpha 1副本”通道再次复制，形成“Alpha 1副本2”通道，对“Alpha 1副本2”通道进行[图像]/[调整]/[反相]菜单设置后选择[图像]/[调整]/[色阶]命令，在色阶对话框中用（黑色吸管）工具点击图像灰色部分，使图像背景变成黑色。

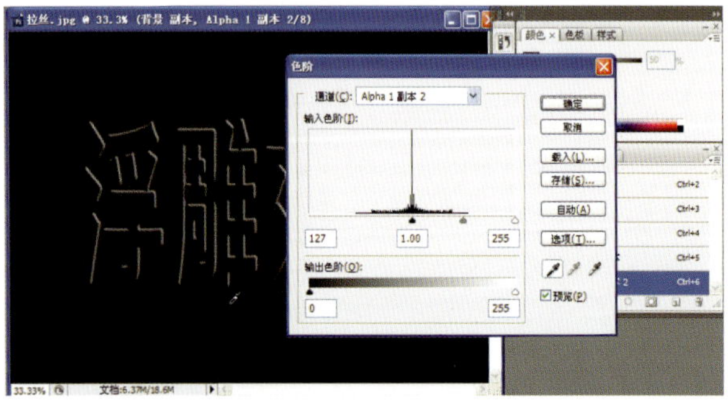

图9—6—43

(6) 选择“Alpha 1副本”通道为当前编辑通道，对“Alpha 1副本”通道进行[图像]/[调整]/[色阶]命令，在色阶对话框中用（黑色吸管）工具点击图像灰色部分，使图像背景变成黑色。

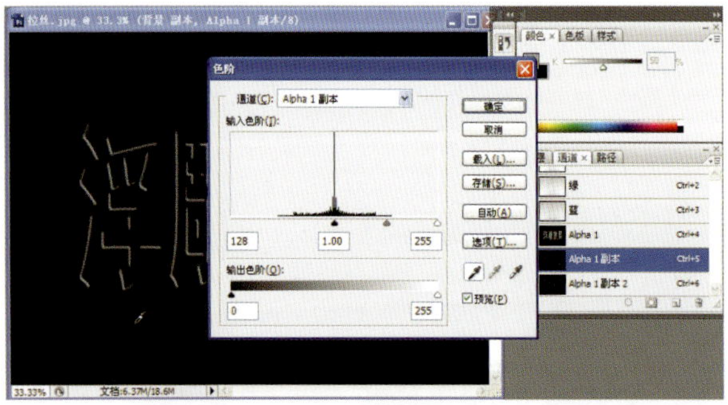

图9—6—44

(7) 将“Alpha 1副本”通道作为选区载入，选择[图像]/[调整]/[色相/饱和度]命令对图像选区进行明度减淡处理。

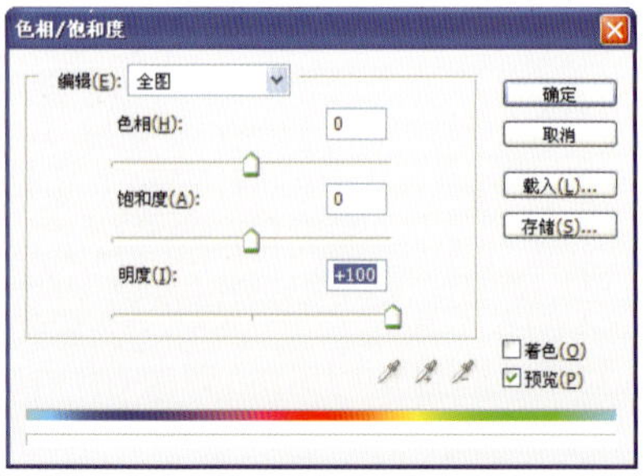

图9—6—45

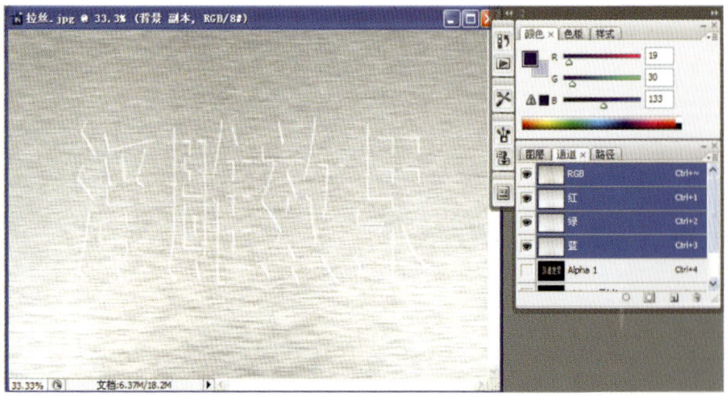

图9—6—46

(8) 将“Alpha 1副本2”通道作为选区载入，选择[图像]/[调整]/[色相/饱和度]命令对图像选区进行明度加深处理。

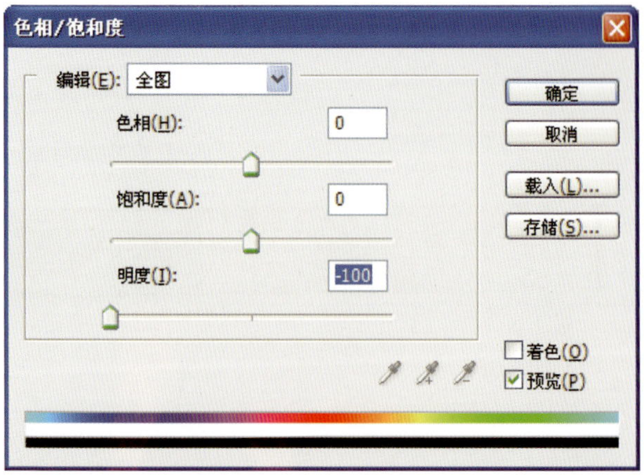

图9—6—47

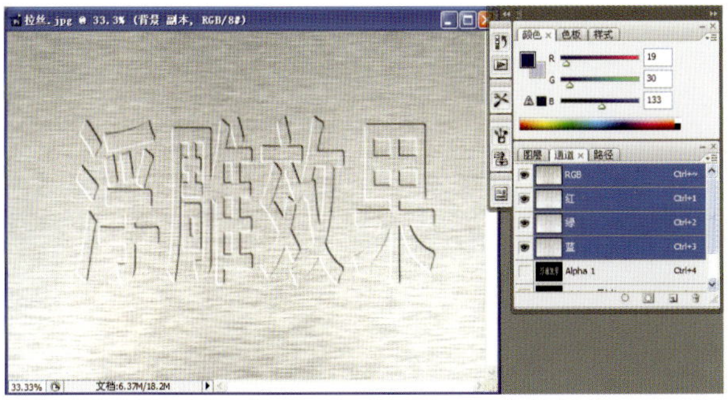

图9—6—48

（9）将“Alpha 1”通道作为选区载入，选择[图像]/[调整]/[色相/饱和度]命令对图像选区进行明度减淡和增加饱和度处理，完成。

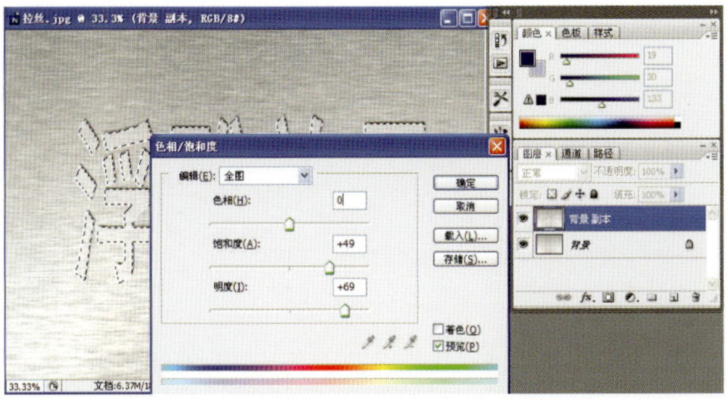

图9—6—49

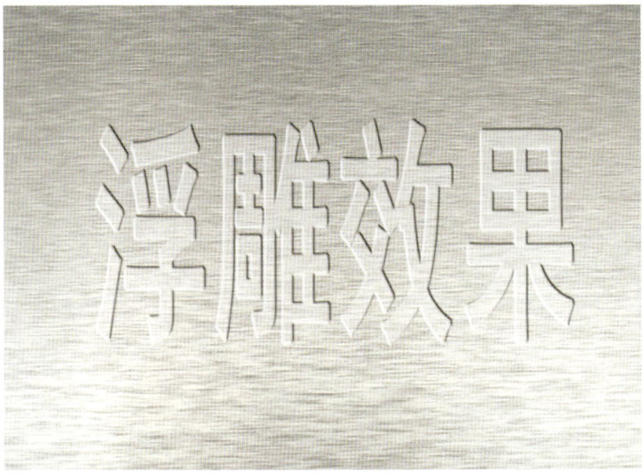

图9—6—50

[复习参考题]

◎　名词解释

1.通道

2.Alpha通道

3.蒙版

4.快速蒙版

◎　选择题

1.RGB模式的图像通道数目为（　）。

A.1　B.2　C.3　D.4

2.CMYK模式的图像有5个通道：复合通道、青色、洋红、黄色和（　）通道。

A.白色　B.彩色　C.黑色　D.红色

3.对通道的操作，绝大部分可以通过（　）实现。

A.编辑菜单　B.通道控制面板　C.工具菜单　D.格式菜单

第十章　滤镜的使用

本章重点

重点学习Photoshop CS3中的内置滤镜，用实例展示滤镜效果，对设计的后期合成有十分重要的实战意义。

学习目标

通过[滤镜]菜单栏中的各种内置滤镜命令完成各自特殊效果的完成，理解滤镜对话框中各参数和选项的含义。做到融会贯通，灵活运用，并尝试制作其他特殊效果。

建议学时

16学时。

第十章　滤镜的使用

第一节 ///// 认识滤镜

滤镜也可以称为“滤波器”，是一种特殊的图像效果处理技术。目的是为了丰富照片的图像效果。也就是对图像中像素的颜色、亮度、饱和度、对比度、色调、分布、排列等属性进行计算和变换处理，其结果便是使图像产生特殊效果。因此，[滤镜]菜单是要经常访问到的菜单之一。[滤镜]菜单如图10－1－1所示。

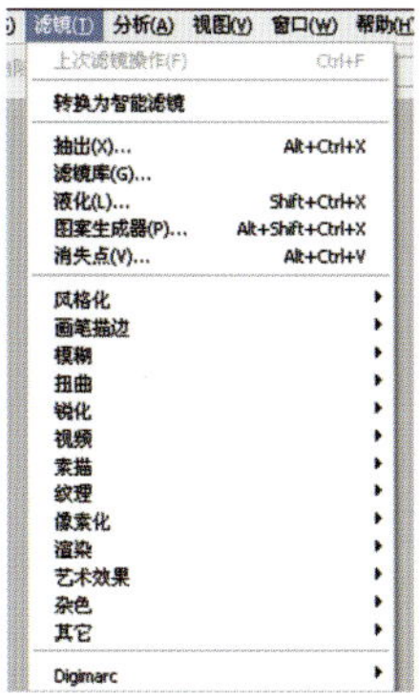

图10－1－1

第二节 ///// 校正性滤镜

一、模糊滤镜组

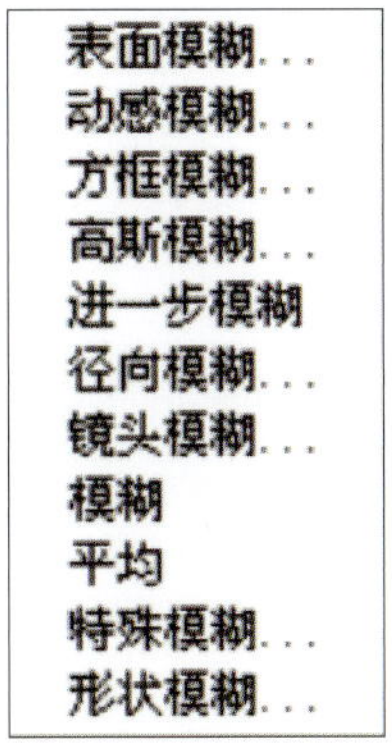

图10－2－1

“模糊”滤镜柔化选区或整个图像，这对于修饰非常有用。它们通过平衡图像中已定义的线条和遮蔽区域的清晰边缘旁边的像素，使变化显得柔和。

注：　要将“模糊”滤镜应用到图层边缘，请取消选择“图层”调板中的“锁定透明像素”选项。

平均

找出图像或选区的平均颜色，然后用该颜色填充图像或选区以创建平滑的外观。例如，如果您选择了草坪区域，该滤镜会将该区域更改为一块均匀的绿色部分。

图10－2－2

模糊和进一步模糊

在图像中有显著颜色变化的地方消除杂色。“模糊”滤镜通过平衡已定义的线条和遮蔽区域的清晰边缘旁边的像素，使变化显得柔和。“进一步模糊”滤镜的效果比“模糊”滤镜强三到四倍。

图10-2-3

图10-2-4

方框模糊

基于相邻像素的平均颜色值来模糊图像。此滤镜用于创建特殊效果。可以调整用于计算给定像素的平均值的区域大小；半径越大，产生的模糊效果越好。

图10-2-5

图10-2-6

高斯模糊

使用可调整的量快速模糊选区。高斯是指当 Photoshop 将加权平均应用于像素时生成的钟形曲线。“高斯模糊”滤镜添加低频细节，并产生一种朦胧效果。

图10-2-7

镜头模糊

向图像中添加模糊以产生更窄的景深效果，以便使图像中的一些对象在焦点内，而使另一些区域变模糊。请参阅添加镜头模糊。

图10-2-8

动感模糊

沿指定方向（-360° ~+360° ）以指定强度（1~999）进行模糊。此滤镜的效果类似于以固定的曝光时间给一个移动的对象拍照。（如图10-2-9）

图10-2-9

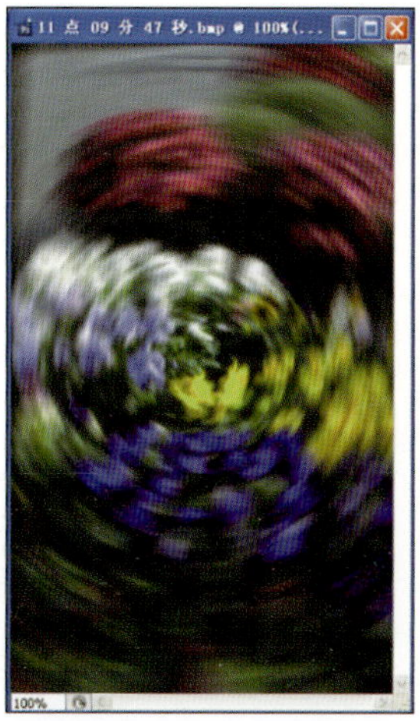

图10-2-10

径向模糊

模拟缩放或旋转的相机所产生的模糊，产生一种柔化的模糊。选取“旋转”，沿同心圆环线模糊，然后指定旋转的度数。选取“缩放”，沿径向线模糊，好像是在放大或缩小图像，然后指定1到100之间的值。模糊的品质范围从“草图”到“好”和“最好”：“草图”产生最快但为粒状的结果，“好”和“最好”产生比较平滑的结果，除非在大选区上，否则看不出这两种品质的区别。通过拖动“中心模糊”框中的图案，指定模糊的原点。（如图10-2-10）

形状模糊

使用指定的内核来创建模糊。从自定形状预设列表中选取一种内核，并使用“半径”滑块来调整其大小。通过单击三角形并从列表中进行选取，可以载入不同的形状库。半径决定了内核的大小；内核越大，模糊效果越好。

图10-2-11

特殊模糊

精确地模糊图像。可以指定半径、阈值和模糊品质。半径值确定在其中搜索不同像素的区域大小。阈值确定像素具有多大差异后才会受到影响。也可以为整个选区设置模式（正常），或为颜色转变的边缘设置模式（“仅限边缘”和“叠加”）。在对比度显著的地方，“仅限边缘”应用黑白混合的边缘，而“叠加边缘”应用白色的边缘。

图10-2-12

表面模糊

在保留边缘的同时模糊图像。此滤镜用于创建特殊效果并消除杂色或粒度。“半径”选项指定模糊取样区域的大小。“阈值”选项控制相邻像素色调值与中心像素值相差多大时才能成为模糊的一部分。色调值差小于阈值的像素被排除在模糊之外。

图10-2-13

二、锐化滤镜组

“锐化”滤镜通过增加相邻像素的对比度来聚焦模糊的图像。

图10-2-14

锐化和进一步锐化

聚焦选区并提高其清晰度。“进一步锐化”滤镜比“锐化”滤镜应用更强的锐化效果。

图10-2-15

图10-2-16

锐化边缘和 USM 锐化

查找图像中颜色发生显著变化的区域，然后将其锐化。“锐化边缘”滤镜只锐化图像的边缘，同时保留总体的平滑度。使用此滤镜在不指定数量的情况下锐化边缘。对于专业色彩校正，可使用“USM 锐化”滤镜调整边缘细节的对比度，并在边缘的每侧生成一条亮线和一条暗线。此过程将使边缘突出，造成图像更加锐化的错觉。

智能锐化

通过设置锐化算法或控制阴影和高光中的锐化量来锐化图像。请参阅使用智能锐化进行锐化处理。

图10-2-17

图10-2-18

三、视频滤镜组

[视频]子菜单包含“逐行”滤镜和“NTSC 颜色”滤镜。

图10-2-19

逐行

通过移去视频图像中的奇数或偶数隔行线，使在视频上捕捉的运动图像变得平滑。您可以选择通过复制或插值来替换扔掉的线条。

NTSC 颜色

将色域限制在电视机重现可接受的范围内，以防止过饱和颜色渗到电视扫描行中。

四、杂色滤镜组

“杂色”滤镜添加或移去杂色或带有随机分布色阶的像素。这有助于将选区混合到周围的像素中。“杂色”滤镜可创建与众不同的纹理或移去有问题的区域，如灰尘和划痕。

减少杂色...
蒙尘与划痕...
去斑
添加杂色...
中间值...

图10–2–20

添加杂色

将随机像素应用于图像，模拟在高速胶片上拍照的效果。也可以使用“添加杂色”滤镜来减少羽化选区或渐进填充中的条纹，或使经过重大修饰的区域看起来更真实。杂色分布选项包括“平均”和“高斯”。“平均”使用随机数值（介于0以及正/负指定值之间）分布杂色的颜色值以获得细微效果。“高斯”沿一条钟形曲线分布杂色的颜色值以获得斑点状的效果。“单色”选项将此滤镜只应用于图像中的色调元素，而不改变颜色。

去斑

检测图像的边缘（发生显著颜色变化的区域）并模糊那些边缘外的所有选区。该模糊操作会移去杂色，同时保留细节。

蒙尘与划痕

通过更改相异的像素减少杂色。为了在锐化图像和隐藏瑕疵之间取得平衡，请尝试“半径”与“阈值”设置的各种组合。或者在图像的选中区域应用此滤镜。另请参阅应用蒙尘与划痕滤镜。（如图10–2–23）

中间值

通过混合选区中像素的亮度来减少图像的杂色。此滤镜搜索像素选区的半径范围以查找亮度相近的像素，扔掉与相邻像素差异太大的像素，并用搜索到的像素的中间亮度值替换中心像素。此滤镜在消除或减少图像的动感效果时非常有用。

减少杂色

在基于影响整个图像或各个通道的用户设置保留边缘的同时减少杂色。请参阅减少图像杂色和JPEG不自然感。（如图10–2–24）

图10–2–21

图10–2–22

图10–2–23

图10–2–24

五、其他滤镜组

"[其它]"子菜单中的滤镜允许您创建自己的滤镜、使用滤镜修改蒙版、在图像中使选区发生位移和快速调整颜色。

自定

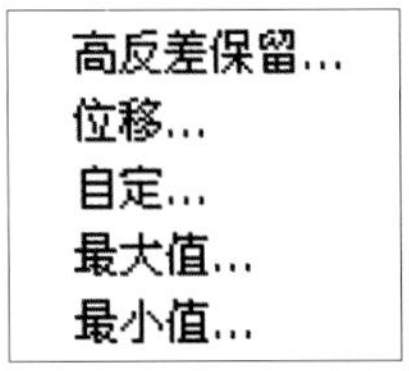

图10-2-25

使您可以设计自己的滤镜效果。使用"自定"滤镜，根据预定义的数学运算（称为卷积），可以更改图像中每个像素的亮度值。根据周围的像素值为每个像素重新指定一个值。此操作与通道的加、减计算类似。

您可以存储创建的自定滤镜，并将它们用于其他 Photoshop 图像。请参阅创建自定滤镜。

高反差保留

在有强烈颜色转变发生的地方按指定的半径保留边缘细节，并且不显示图像的其余部分。（0.1 像素半径仅保留边缘像素。） 此滤镜移去图像中的低频细节，效果与"高斯模糊"滤镜相反。

在使用"阈值"命令或将图像转换为位图模式之前，将"高反差"滤镜应用于连续色调的图像将很有帮助。此滤镜对于从扫描图像中取出的艺术线条和大的黑白区域非常有用。

最小值和最大值

对于修改蒙版非常有用。"最大值"滤镜有应用阻塞的效果：展开白色区域和阻塞黑色区域。"最小值"滤镜有应用伸展的效果：展开黑色区域和收缩白色区域。与"中间值"滤镜一样，"最大值"和"最小值"滤镜针对选区中的单个像素。在指定半径内，"最大值"和"最小值"滤镜用周围像素的最高或最低亮度值替换当前像素的亮度值。

位移

将选区移动指定的水平量或垂直量，而选区的原位置变成空白区域。您可以用当前背景色、图像的另一部分填充这块区域，或者如果选区靠近图像边缘，也可以使用所选择的填充内容进行填充。

第三节 ///// 破坏性滤镜

一、风格化滤镜组

"风格化"滤镜通过置换像素和通过查找并增加图像的对比度，在选区中生成绘画或印象派的效果。在使用"查找边缘"和"等高线"等突出显示边缘的滤镜后，可应用"反相"命令用彩色线条勾勒彩色图像的边缘或用白色线条勾勒灰度图像的边缘。

图10-3-1

扩散

根据选中的以下选项搅乱选区中的像素以虚化焦点："正常"使像素随机移动（忽略颜色值）；"变暗优先"用较暗的像素替换亮的像素；"变亮优先"用较亮的像素替换暗的像素。"各向异性"在颜色变化最小的方向上搅乱像素。（如图10–3–2）

浮雕效果

通过将选区的填充色转换为灰色，并用原填充色描画边缘，从而使选区显得凸起或压低。选项包括浮雕角度（–360°～+360°，–360°使表面凹陷，+360°使表面凸起）、高度和选区中颜色数量的百分比（1%～500%）。要在进行浮雕处理时保留颜色和细节，请在应用"浮雕"滤镜之后使用"渐隐"命令。（如图10–3–3）

图10–3–2

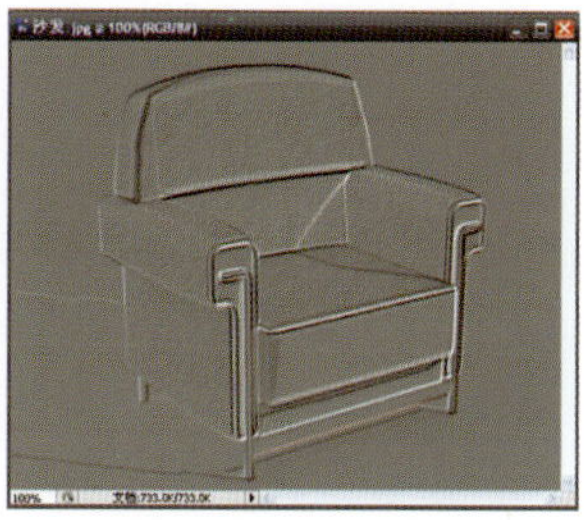

图10–3–3

凸出

赋予选区或图层一种3D纹理效果。请参阅应用"凸出"滤镜。（如图10–3–4）

查找边缘

用显著的转换标志图像的区域，并突出边缘。像"等高线"滤镜一样，"查找边缘"用相对于白色背景的黑色线条勾勒图像的边缘，这对生成图像周围的边界非常有用。（如图10–3–5）

图10–3–4

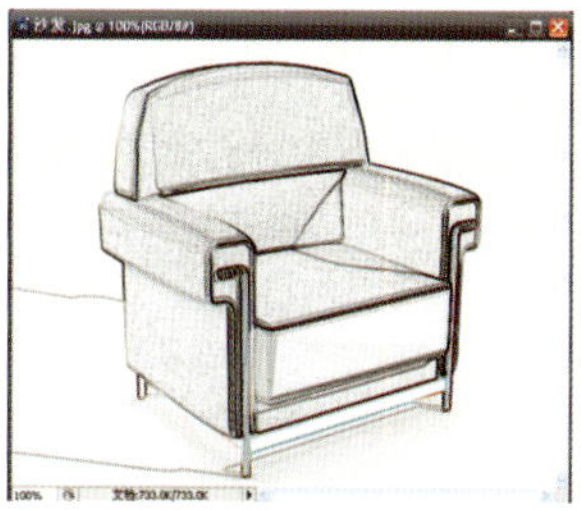

图10–3–5

照亮边缘

标志颜色的边缘，并向其添加类似霓虹灯的光亮。此滤镜可累积使用。（如图10–3–6）

曝光过度

混合负片和正片图像，类似于显影过程中将摄影照片短暂曝光。

拼贴

将图像分解为一系列拼贴，使选区偏离其原来的位置。可以选取下列对象之一填充拼贴之间的区域：背景色，前景色，图像的反转版本或图像的未改变版本，它们使拼贴的版本位于原版本之上并露出原图像中位于拼贴边缘下面的部分。（如图10–3–7）

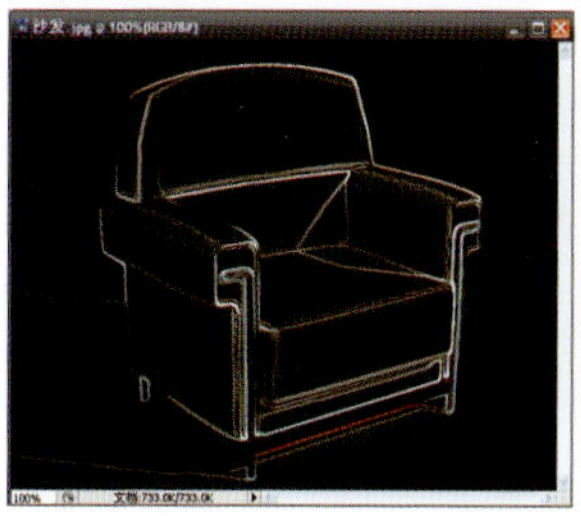

图10–3–6

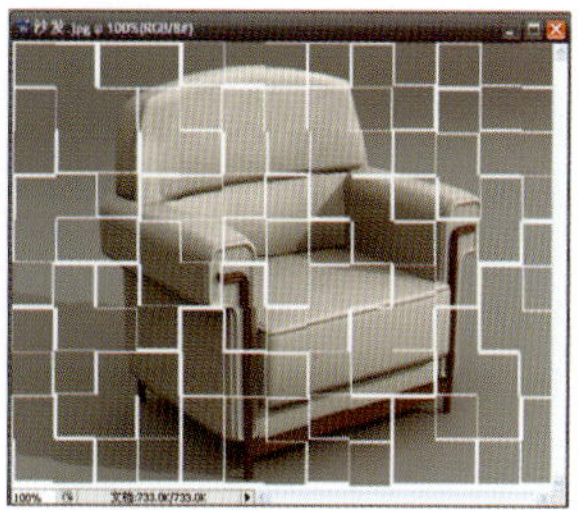

图10–3–7

等高线

查找主要亮度区域的转换并为每个颜色通道淡淡地勾勒主要亮度区域的转换，以获得与等高线图中的线条类似的效果。请参阅应用等高线滤镜。

风

在图像中放置细小的水平线条来获得风吹的效果。方法包括“风”、“大风”（用于获得更生动的风效果）和“飓风”（使图像中的线条发生偏移）。

二、画笔描边滤镜组

与“艺术效果”滤镜一样，“画笔描边”滤镜使用不同的画笔和油墨描边效果创造出绘画效果的外观。有些滤镜添加颗粒、绘画、杂色、边缘细节或纹理。可以通过“滤镜库”来应用所有“画笔描边”滤镜。

成角的线条...
墨水轮廓...
喷溅...
喷色描边...
强化的边缘...
深色线条...
烟灰墨...
阴影线...

图10—3—8

强化的边缘

强化图像边缘。设置高的边缘亮度控制值时，强化效果类似白色粉笔；设置低的边缘亮度控制值时，强化效果类似黑色油墨。（如图10—3—9）

成角的线条

使用对角描边重新绘制图像，用相反方向的线条来绘制亮区和暗区。（如图10—3—10）

图10—3—9

图10—3—10

阴影线

保留原始图像的细节和特征，同时使用模拟的铅笔阴影线添加纹理，并使彩色区域的边缘变粗糙。“强度”选项（使用值1到3）确定使用阴影线的遍数。

深色线条

用短的、绷紧的深色线条绘制暗区；用长的白色线条绘制亮区。

墨水轮廓

以钢笔画的风格，用纤细的线条在原细节上重绘图像。

喷溅

模拟喷溅喷枪的效果。增加选项可简化总体效果。

喷色描边

使用图像的主导色，用成角的、喷溅的颜色线条重新绘画图像。

烟灰墨

以日本画的风格绘画图像，看起来像是用蘸满油墨的画笔在宣纸上绘画。烟灰墨使用非常黑的油墨来创建柔和的模糊边缘。

三、素描滤镜组

[素描]子菜单中的滤镜将纹理添加到图像上，通常用于获得3D效果。这些滤镜还适用于创建美术或手绘外观。许多“素描”滤镜在重绘图像时使用前景色和背景色。可以通过“滤镜库”来应用所有“素描”滤镜。

半调图案…
便条纸…
粉笔和炭笔…
铬黄…
绘图笔…
基底凸现…
水彩画纸…
撕边…
塑料效果…
炭笔…
炭精笔…
图章…
网状…
影印…

图10–3–11

基底凸现

变换图像，使之呈现浮雕的雕刻状和突出光照下变化各异的表面。图像的暗区呈现前景色，而浅色使用背景色。

图10–3–12

图10–3–13

粉笔和炭笔

重绘高光和中间调，并使用粗糙粉笔绘制纯中间调的灰色背景。阴影区域用黑色对角炭笔线条替换。炭笔用前景色绘制，粉笔用背景色绘制。

图10-3-14

炭笔

产生色调分离的涂抹效果。主要边缘以粗线条绘制，而中间色调用对角描边进行素描。炭笔是前景色，背景是纸张颜色。

铬黄

渲染图像，就好像它具有擦亮的铬黄表面。高光在反射表面上是高点，阴影是低点。应用此滤镜后，使用“色阶”对话框可以增加图像的对比度。

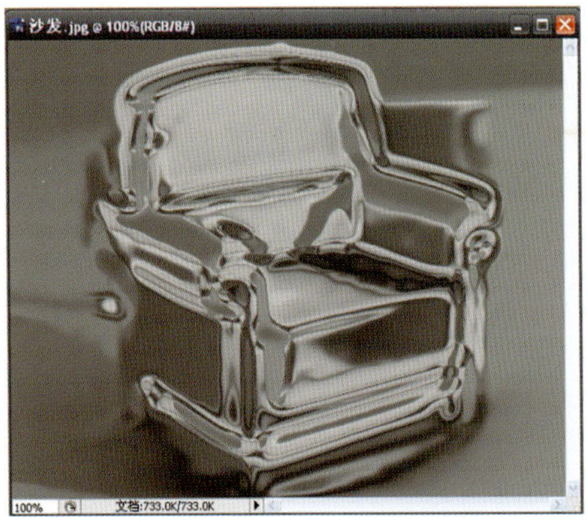

图10-3-15

炭精笔

在图像上模拟浓黑和纯白的炭精笔纹理。“炭精笔”滤镜在暗区使用前景色，在亮区使用背景色。为了获得更逼真的效果，可以在应用滤镜之前将前景色改为常用的“炭精笔”颜色（黑色、深褐色和血红色）。要获得减弱的效果，请将背景色改为白色，在白色背景中添加一些前景色，然后再应用滤镜。

绘图笔

使用细的、线状的油墨描边以捕捉原图像中的细节。对于扫描图像，效果尤其明显。此滤镜使用前景色作为油墨，并使用背景色作为纸张，以替换原图像中的颜色。

图10-3-16

半调图案

在保持连续的色调范围的同时，模拟半调网屏的效果。

图10-3-17

便条纸

创建像是用手工制作的纸张构建的图像。此滤镜简化了图像，并结合使用[风格化]／[浮雕]和[纹理]／[颗粒]滤镜的效果。图像的暗区显示为纸张上层中的洞，使背景色显示出来。

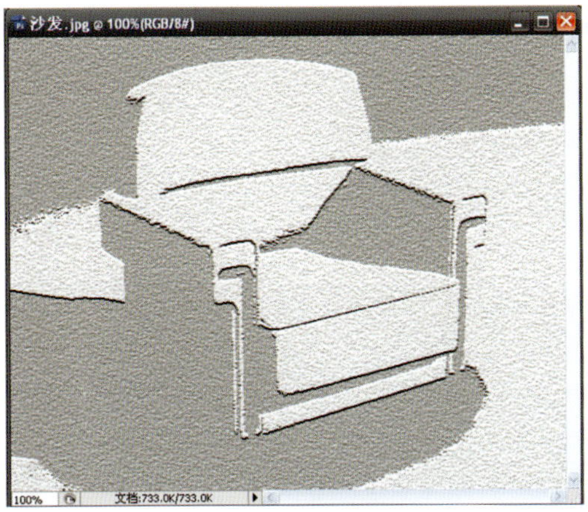

图10—3—18

影印

模拟影印图像的效果。大的暗区趋向于只拷贝边缘四周，而中间色调要么纯黑色，要么纯白色。

塑料效果

按3D塑料效果塑造图像，然后使用前景色与背景色为结果图像着色。暗区凸起，亮区凹陷。

网状

模拟胶片乳胶的可控收缩和扭曲来创建图像，使之在阴影呈结块状，在高光呈轻微颗粒化。

图章

简化了图像，使之看起来就像是用橡皮或木制图章创建的一样。此滤镜用于黑白图像时效果最佳。

撕边

重建图像，使之由粗糙、撕破的纸片状组成，然后使用前景色与背景色为图像着色。对于文本或高对比度对象，此滤镜尤其有用。

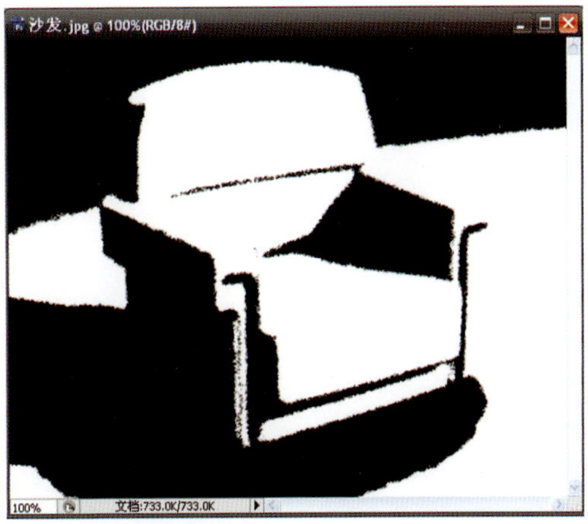

图10—3—19

水彩画纸

利用有污点的、像画在潮湿的纤维纸上的涂抹，使颜色流动并混合。

图10—3—20

四、纹理滤镜组

可以使用“纹理”滤镜模拟具有深度感或物质感的外观，或者添加一种器质外观。

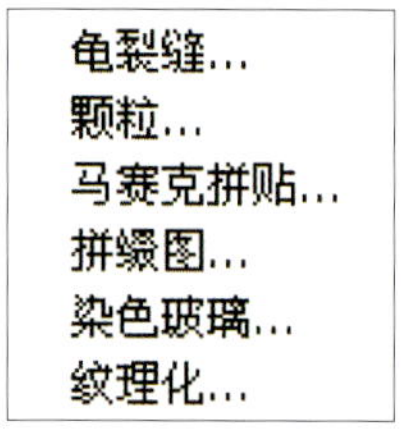

图10-3-21

龟裂缝

将图像绘制在一个高凸现的石膏表面上，以循着图像等高线生成精细的网状裂缝。使用此滤镜可以对包含多种颜色值或灰度值的图像创建浮雕效果。

图10-3-22

颗粒

通过模拟以下不同种类的颗粒在图像中添加纹理：常规、软化、喷洒、结块、强反差、扩大、点刻、水平、垂直和斑点（可从“颗粒类型”菜单中进行选择）。（如图10-3-23）

图10-3-23

马赛克拼贴

渲染图像，使它看起来是由小的碎片或拼贴组成，然后在拼贴之间灌浆。相反，[像素化]/[马赛克]滤镜将图像分解成各种颜色的像素块。（如图10-3-24）

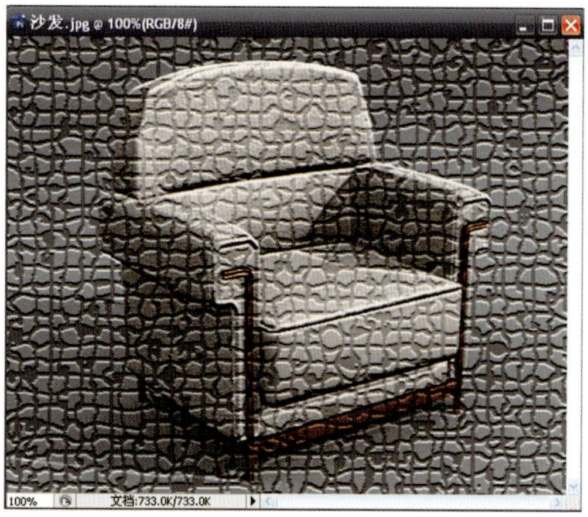

图10-3-24

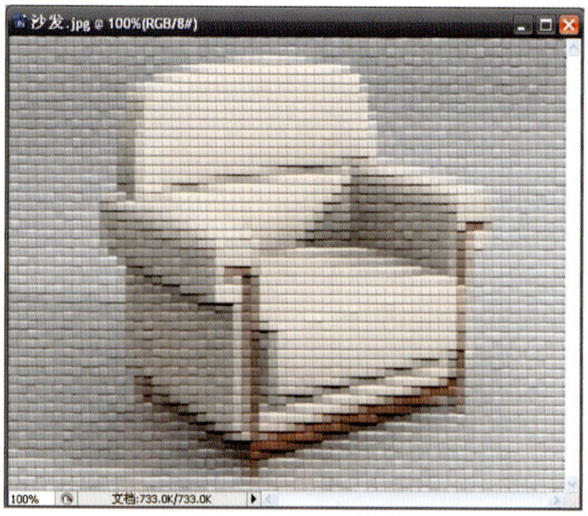

图10-3-25

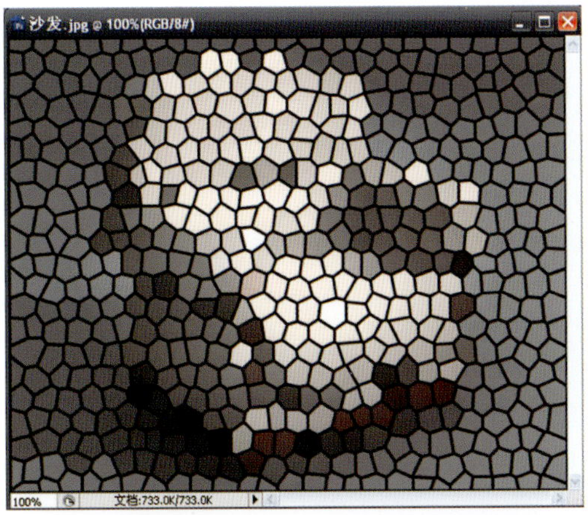

图10—3—26

图10—3—27

拼缀图

将图像分解为用图像中该区域的主色填充的正方形。此滤镜随机减小或增大拼贴的深度，以模拟高光和阴影。（如图10—3—25）

染色玻璃

将图像重新绘制为用前景色勾勒的单色的相邻单元格。（如图10—3—26）

纹理化

将选择或创建的纹理应用于图像。（如图10—3—27）

五、像素化滤镜组

[像素化]子菜单中的滤镜通过使单元格中颜色值相近的像素结成块来清晰地定义一个选区。

- 彩块化
- 彩色半调...
- 点状化...
- 晶格化...
- 马赛克...
- 碎片
- 铜版雕刻...

图10—3—28

彩色半调

模拟在图像的每个通道上使用放大的半调网屏的效果。对于每个通道，滤镜将图像划分为矩形，并用圆形替换每个矩形。圆形的大小与矩形的亮度成比例。请参阅应用彩色半调滤镜。

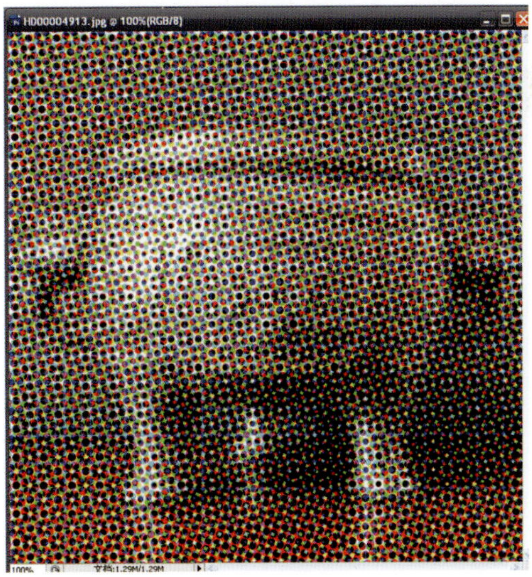

图10—3—29

晶格化

使像素结块形成多边形纯色。

图10—3—30

彩块化

使纯色或相近颜色的像素结成相近颜色的像素块。可以使用此滤镜使扫描的图像看起来像手绘图像，或使现实主义图像类似抽象派绘画。

图10—3—31

碎片

创建选区中像素的四个副本，将它们平均，并使其相互偏移。

图10—3—32

铜版雕刻

将图像转换为黑白区域的随机图案或彩色图像中完全饱和颜色的随机图案。要使用此滤镜，请从“铜版雕刻”对话框中的“类型”菜单选取一种网点图案。

图10—3—33

马赛克

使像素结为方形块。给定块中的像素颜色相同，块颜色代表选区中的颜色。

图10—3—34

点状化

将图像中的颜色分解为随机分布的网点，如同点状化绘画一样，并使用背景色作为网点之间的画布区域。

图10—3—35

六、扭曲滤镜组

“扭曲”滤镜将图像进行几何扭曲，创建3D或其他整形效果。注意，这些滤镜可能占用大量内存。可以通过“滤镜库”来应用“扩散亮光”、“玻璃”和“海洋波纹”等滤镜。

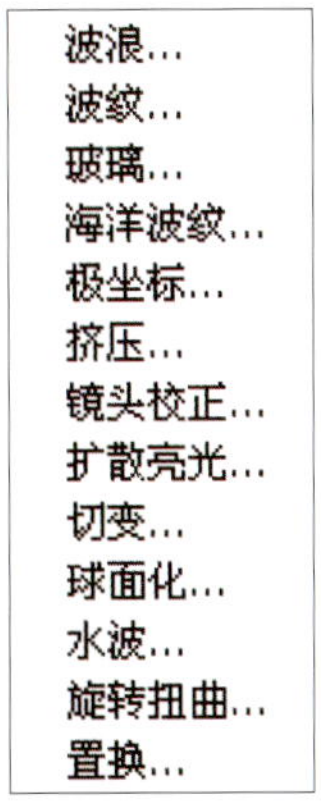

图10—3—36

扩散亮光

将图像渲染成像是透过一个柔和的扩散滤镜来观看的。此滤镜添加透明的白杂色，并从选区的中心向外渐隐亮光。

置换

使用名为置换图的图像确定如何扭曲选区。例如，使用抛物线形的置换图创建的图像看上去像是印在一块两角固定悬垂的布上。

玻璃

使图像看起来像是透过不同类型的玻璃来观看的。您可以选取一种玻璃效果，也可以将自己的玻璃表面创建为 Photoshop 文件并应用它。可以调整缩放、扭曲和平滑度设置。当将表面控制与文件一起使用时，请按“置换”滤镜的指导操作。

图10—3—37

镜头校正

“镜头校正”滤镜可修复常见的镜头瑕疵，如桶形和枕形失真、晕影和色差。

海洋波纹

将随机分隔的波纹添加到图像表面，使图像看上去像是在水中。

图10—3—38

挤压

挤压选区。正值（最大值是100%）将选区向中心移动；负值（最小值是−100%）将选区向外移动。

图10—3—39

极坐标

根据选中的选项，将选区从平面坐标转换到极坐标，或将选区从极坐标转换到平面坐标。可以使用此滤镜创建圆柱变体（18世纪流行的一种艺术形式），当在镜面圆柱中观看圆柱变体中扭曲的图像时，图像是正常的。

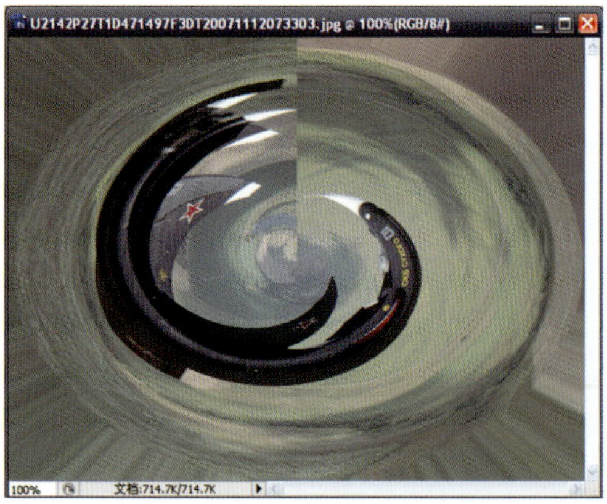

图10—3—40

波纹

在选区上创建波状起伏的图案，像水池表面的波纹。要进一步进行控制，请使用“波浪”滤镜。选项包括波纹的数量和大小。

图10—3—41

切变

沿一条曲线扭曲图像。通过拖动框中的线条来指定曲线。可以调整曲线上的任何一点。单击“默认”可将曲线恢复为直线。另外，选取如何处理未扭曲的区域。

球面化

通过将选区折成球形、扭曲图像以及伸展图像以适合选中的曲线，使对象具有3D效果。

图10—3—42

旋转扭曲

旋转选区，中心的旋转程度比边缘的旋转程度大。指定角度时可生成旋转扭曲图案。

图10—3—43

波浪

工作方式类似于“波纹”滤镜，但可进行进一步的控制。选项包括波浪生成器的数目、波长(从一个波峰到下一个波峰的距离)、波浪高度和波浪类型：正弦（滚动）、三角形或方形。“随机化”选项应用随机值。也可以定义未扭曲的区域。

要在其他选区上模拟波浪结果，请单击“随机化”选项，将“生成器数”设置为1，并将“最小波长”、“最大波长”和“波幅”参数设置为相同的值。

水波

根据选区中像素的半径将选区径向扭曲。“起伏”选项设置水波方向从选区的中心到其边缘的反转次数。还要指定如何置换像素：“水池波纹”将像素置换到左上方或右下方，“从中心向外”向着或远离选区中心置换像素，而“围绕中心”围绕中心旋转像素。

第四节 效果性滤镜

一、渲染滤镜组

“渲染”滤镜在图像中创建3D形状、云彩图案、折射图案和模拟的光反射。也可在3D空间中操纵对象，创建3D对象（立方体、球面和圆柱），并从灰度文件创建纹理填充以产生类似3D的光照效果。

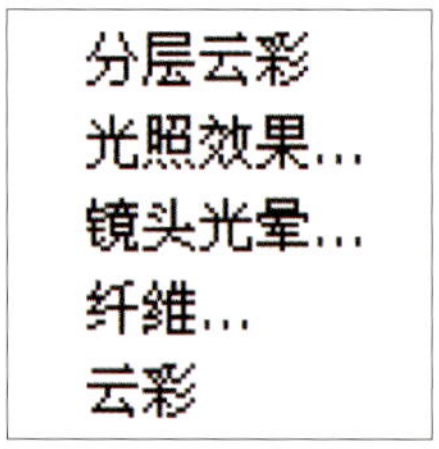

图10—4—1

云彩

使用介于前景色与背景色之间的随机值，生成柔和的云彩图案。要生成色彩较为分明的云彩图案，请按住 Alt 键（Windows）或 Option 键（Mac OS），然后选取[滤镜]/[渲染]/[云彩]。当您应用“云彩”滤镜时，现用图层上的图像数据会被替换。

图10—4—2

分层云彩

使用随机生成的介于前景色与背景色之间的值，生成云彩图案。此滤镜将云彩数据和现有的像素混合，其方式与“差值”模式混合颜色的方式相同。第一次选取此滤镜时，图像的某些部分被反相为云彩图案。应用此滤镜几次之后，会创建出与大理石的纹理相似的凸缘与叶脉图案。当您应用“分层云彩”滤镜时，现用图层上的图像数据会被替换。

图10—4—3

纤维

使用前景色和背景色创建编织纤维的外观。可以使用“差异”滑块来控制颜色的变化方式（较低的值会产生较长的颜色条纹；而较高的值会产生非常短且颜色分布变化更大的纤维）。“强度”滑块控制每根纤维的外观。低设置会产生松散的织物，而高设置会产生短的绳状纤维。单击“随机化”按钮可更改图案的外观；可多次单击该按钮，直到看到您喜欢的图案。当您应用“纤维”滤镜时，现用图层上的图像数据会被替换。

尝试通过添加渐变映射调整图层来对纤维进行着色。

镜头光晕

模拟亮光照射到相机镜头所产生的折射。通过单击图像缩览图的任一位置或拖动其十字线，指定光晕中心的位置。

图10—4—4

光照效果

使您可以通过改变17种光照样式、3种光照类型和4套光照属性，在RGB图像上产生无数种光照效果。还可以使用灰度文件的纹理（称为凹凸图）产生类似3D的效果，并存储您自己的样式以在其他图像中使用。请参阅添加光照效果。

图10—4—5

二、艺术效果滤镜组

可以使用“艺术效果”子菜单中的滤镜，帮助为美术或商业项目制作绘画效果或艺术效果。例如，使用“木刻”滤镜进行拼贴或印刷。这些滤镜模仿自然或传统介质效果。可以通过“滤镜库”来应用所有“艺术效果”滤镜。

壁画…
彩色铅笔…
粗糙蜡笔…
底纹效果…
调色刀…
干画笔…
海报边缘…
海绵…
绘画涂抹…
胶片颗粒…
木刻…
霓虹灯光…
水彩…
塑料包装…
涂抹棒…

图10—4—6

彩色铅笔

使用彩色铅笔在纯色背景上绘制图像。保留重要边缘，外观呈粗糙阴影线；纯色背景色透过比较平滑的区域显示出来。（如图10—4—7）

要制作羊皮纸效果，请在将“彩色铅笔”滤镜应用于选中区域之前更改背景色。

图10—4—7

图10—4—8

木刻

使图像看上去好像是由从彩纸上剪下的边缘粗糙的剪纸片组成的。高对比度的图像看起来呈剪影状，而彩色图像看上去是由几层彩纸组成的。（如图10–4–8）

干画笔

使用干画笔技术（介于油彩和水彩之间）绘制图像边缘。此滤镜通过将图像的颜色范围降到普通颜色范围来简化图像。（如图10–4–9）

胶片颗粒

将平滑图案应用于阴影和中间色调。将一种更平滑、饱和度更高的图案添加到亮区。在消除混合的条纹和将各种来源的图素在视觉上进行统一时，此滤镜非常有用。（如图10–4–10）

图10–4–9

图10–4–10

壁画

使用短而圆的、粗略涂抹的小块颜料，以一种粗糙的风格绘制图像。（如图10–4–11）

霓虹灯光

将各种类型的灯光添加到图像中的对象上。此滤镜用于在柔化图像外观时给图像着色。要选择一种发光颜色，请单击发光框，并从拾色器中选择一种颜色。（如图10–4–12）

图10–4–11

图10–4–12

绘画涂抹

使您可以选取各种大小（从1到50）和类型的画笔来创建绘画效果。画笔类型包括简单、未处理光照、暗光、宽锐化、宽模糊和火花。

调色刀

减少图像中的细节以生成描绘得很淡的画布效果，可以显示出下面的纹理。

塑料包装

给图像涂上一层光亮的塑料，以强调表面细节。

海报边缘

根据设置的海报化选项减少图像中的颜色数量（对其进行色调分离），并查找图像的边缘，在边缘上绘制黑色线条。大而宽的区域有简单的阴影，而细小的深色细节遍布图像。

粗糙蜡笔

在带纹理的背景上应用粉笔描边。在亮色区域，粉笔看上去很厚，几乎看不见纹理；在深色区域，粉笔似乎被擦去了，使纹理显露出来。

涂抹棒

使用短的对角描边涂抹暗区以柔化图像。亮区变得更亮，以致失去细节。（如图10–4–13）

图10–4–13

海绵

使用颜色对比强烈、纹理较重的区域创建图像，以模拟海绵绘画的效果。

底纹效果

在带纹理的背景上绘制图像，然后将最终图像绘制在该图像上。

水彩

以水彩的风格绘制图像，使用蘸了水和颜料的中号画笔绘制以简化细节。当边缘有显著的色调变化时，此滤镜会使颜色饱满。

第五节 ///// 实例制作

实例1

1. 新建一幅图像，如400×200，确保颜色为默认的前黑后白。新建一个图层。

2. 使用[滤镜]/[渲染]/[云彩]，图像大致如图10–5–1所示。

3. 使用[滤镜]/[扭曲]/[玻璃]，设置大致如图10–5–2，完成后效果如图10–5–3。

4. 使用[图像]/[调整]/[色彩平衡]，将中间调设置如图10–5–4，高光部分也做类似的设置。效果如图10–5–5。

图10–5–1

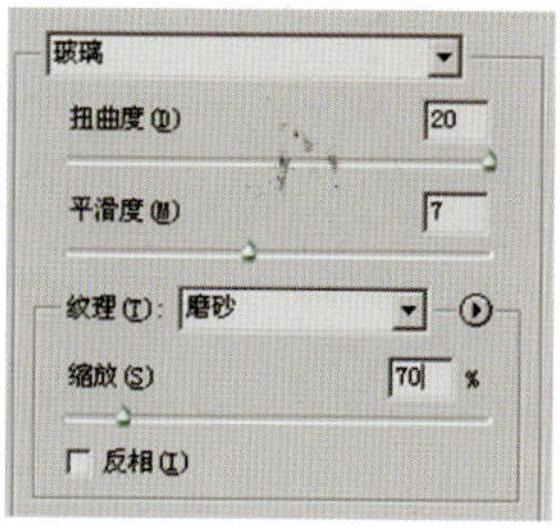

图10–5–2

图10–5–3

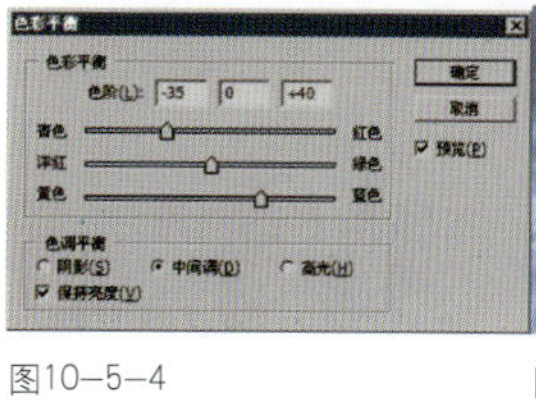
图10–5–4

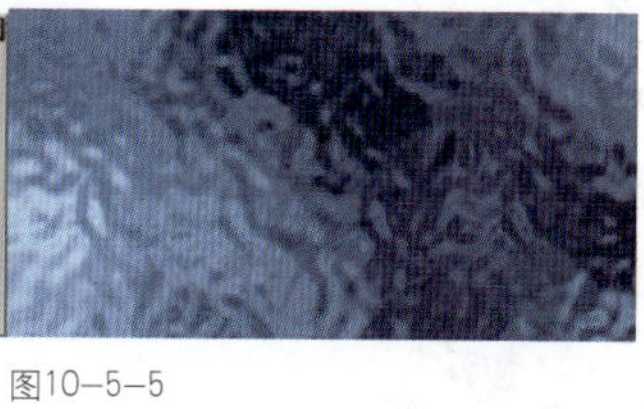
图10–5–5

5.然后按[Ctrl+T]键对该图层使用自由变换，再选择透视，做出一个梯形透视。最终效果如图10-5-6。

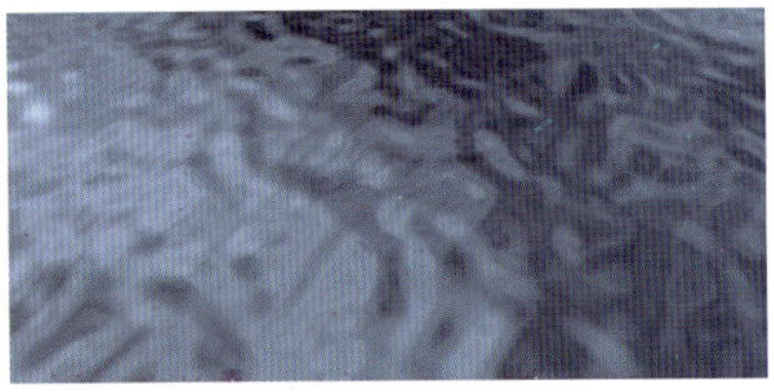
图10-5-6

总结：使用色彩平衡为灰度图像着色，通过阴影、中间调以及高光部分的不同设置，可以作出很丰富的效果。

实例2

1.新建图像，用默认的前景和背景色制作[滤镜]/[渲染]/[云彩]，然后再[滤镜]/[渲染]/[分层云彩]，形成类似下图的效果。

图10-5-7

2.然后使用[滤镜]/[像素化]/[铜板雕刻]，类型选择“中等点”，如图10-5-8。形成的效果如图10-5-9。

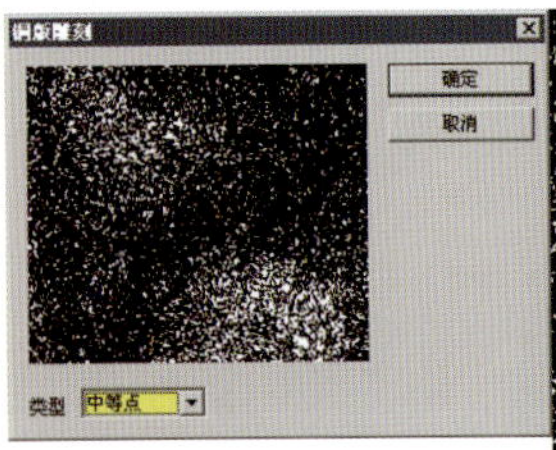

图10-5-8

图10-5-9

3.将图层复制一层，对其使用[滤镜]/[模糊]/[径向模糊]，设置如图10-5-10。形成的效果如图10-5-11。

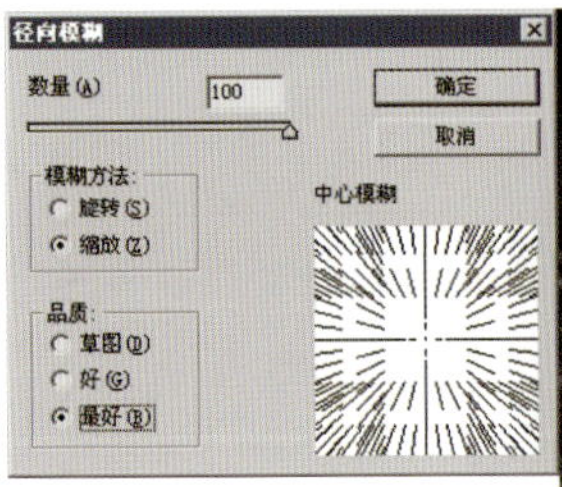

图10-5-10

图10-5-11

4.对下面的图层使用[滤镜]/[模糊]/[径向模糊]，设置如图10-5-12。得到的图像效果如图10-5-13。图层调板如图10-5-14。

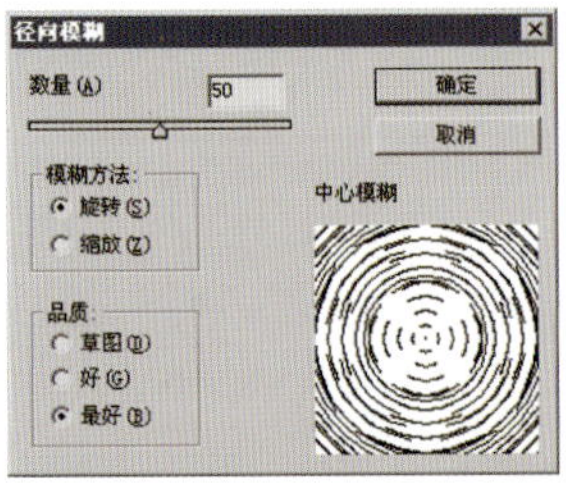

图10-5-12

图10-5-13

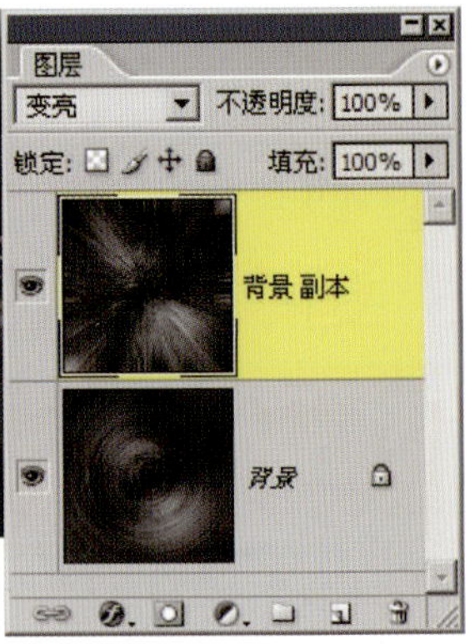

图10-5-14

5.将位于上层的图层复制一份，使用[滤镜]/[模糊]/[高斯模糊]，然后将混合模式设为“颜色减淡”，效果如图10-5-15。图层调板如图10-5-16。

图10—5—15

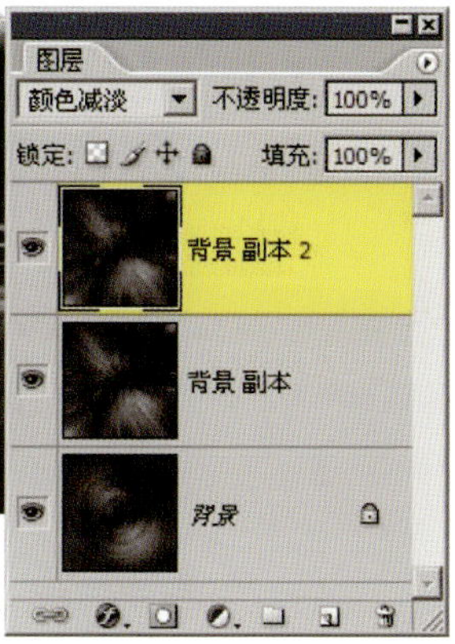

图10—5—16

6.将所有图层合并，然后复制一层执行[滤镜]/[模糊]/[高斯模糊]，将图层混合模式改为“变亮”，效果和图层调板分别如图10—5—17、10—5—18。之后在最上方的图层建立色相饱和度调整层，使用着色方式调整，类似图10—5—19。

图10—5—17

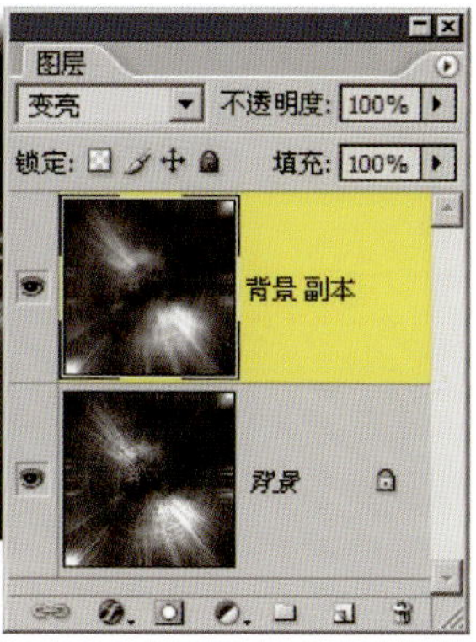

图10—5—18

图10—5—19

总结：利用云彩和铜板雕刻滤镜制作出随机的点状效果，然后使用径向模糊制作出线条效果，最后利用高斯模糊和混合模式制作出光晕效果。

[复习参考题]

◎ 填空题

1.在Photoshop CS3中，参数设置最多最复杂的滤镜是（ ）

A.高斯模糊

B.光照效果

C.浮雕效果

D.镜头模糊

2.下面（ ）滤镜属于画笔描边的子菜单

A.成角的线条

B.干画笔

C.海报边缘

D.马赛克

◎ 问答题

我们常用的模糊滤镜是高斯模糊，动感模糊和镜像模糊，试通过实例对比说明三种滤镜的功效和不同之处。

第十一章 批处理操作

本章重点

1. 掌握批处理的建立、删除等基本操作。
2. 掌握动作组的操作。
3. 能熟练地运用批处理进行图像批量处理。

学习目标

让学生掌握批处理的各种操作技能，并能熟练地运用到图像处理工作中。

建议学时

2学时。

第十一章　批处理操作

第一节 ///// 动作调板的作用

动作是指在单个文件或一批文件上播放的一系列任务，如菜单命令、调板选项、工具动作等。例如，可以创建更改图像大小的动作，对图像应用滤镜以获得特殊效果，然后按照所需格式存储文件。

动作可以包含停止，执行无法记录的任务（如使用绘画工具等）。动作也可以包含模态控制，在播放动作时在对话框中输入值。

在Photoshop中，动作是快捷批处理的基础，而快捷批处理是一些小的应用程序，可以自动处理拖动到其图标上的所有文件。此外Photoshop附带安装了预定义的动作以帮助执行常见任务。可以按原样使用这些预定义的动作，根据自己的需要来自定它们，或者创建新动作。动作将以组的形式存储。动作调班还可以记录、编辑、自定和批处理动作，也可以使用动作组来管理各组动作。使用“动作”调板（[窗口]／[动作]）可以记录、播放、编辑和删除各个动作。该调板还可用来存储和载入动作文件。

图11—1—1

Photoshop“动作”调板A．动作组 B．动作 C．已记录的命令 D．包含的命令 E．模态控制（打开或关闭）

播放动作可以在活动文档中执行动作记录的命令。（一些动作需要先行选择才可播放；而另一些动作则可对整个文件执行。）可以排除动作中的特定命令或只播放单个命令。如果动作包括模态控制，可以在对话框中指定值或在动作暂停时使用模态工具。在按钮模式下，点按一个按钮将执行整个动作，但不执行先前已排除的命令。

1.如果需要，可以选择要对其播放动作的对象或打开文件。

2.若要播放一组动作，选择该组的名称后在“动作”调板中单击“播放”按钮▶，或从调板菜单中选择“播放”。若要播放整个动作，选择该动作的名称后在“动作”调板中单击“播放”按钮，或从调板菜单中选择“播放”。

3.如果为动作指定了组合键，则按该组合键就会自动播放动作。

4.若要仅播放动作的一部分，请选择要开始播放的命令，并单击“动作”调板中的“播放”按钮，或从调板菜单中选择“播放”。

5.若要播放单个命令，请选择该命令，然后按住 Ctrl 键（Windows）或 Command 键（Mac OS）并单击“动作”调板中的“播放”按钮。也可以按住 Ctrl 键（Windows）或 Command 键（Mac OS）并双击该命令。

管理“动作”调板中的动作以使其具有条理性，并仅提供项目所需的动作。可以重新排列、复制、删除、重命名和更改“动作”调板中的动作的选项。在“动作”调板中，将动作拖移到位于另一个动作之前或之后的新位置。当突出显示行出现在所需的位置时，松开鼠标按钮，这样可以重新排列动作调板中的动作。

执行以下任一操作可以复制动作、命令或组：

1.按住 Alt 键（Windows）或 Option 键（Mac OS）并将动作或命令拖移到“动作”调板中的新位置。当突出显示行出现在所需位置时，松开鼠标按钮。

2.选择动作或命令。然后，从“动作”调板菜单中选取“复制”。

3.将动作或命令拖动到“动作”调板底部的“创建新动作”按钮。

要删除动作、命令或组需要在“动作”调板中，选择动作、命令或组。然后在“动作”调板上单击“删除”图标后单击“确定”以完成删除。也可以按住 Alt 键（Windows）或 Option 键（Mac OS）并单击“删除”图标以删除选区但不显示确认对话框。或者将选区拖动到“动作”调板的“删除”图标以删除，但不显示确认对话框。还可以从“动作”调板菜单中选取“删除”。

要重命名动作或更改选项需要选择动作，然后从“动作”调板菜单中选取“动作选项”。为动作键入新名称或更改动作组的选项、功能键组合或按钮颜色。然后单击“确定”就可以了。

为了方便操作，Photoshop提供了动作组的存储，可以将动作组存储到磁盘并转移到其他计算机。首先选择一个组（如果要存储单个动作，请先创建一个动作组，然后将此动作移动到新组），然后从“动作”调板菜单中选取“存储动作”。键入组的名称，选择一个位置，并单击“存储”便可。我们可以将文件存储在任何位置，但是只能在“动作”调板中存储动作组的完整内容，而不能存储单个动作。

如果要将我们事先设置好的动作载入动作组，首先从“动作”调板菜单中选择“载入动作”。找到并选择动作组文件，然后单击“载入”。Photoshop 动作组文件的扩展名为 .atn。

第二节 批处理操作

“批处理”命令可以对一个文件夹中的文件运行动作。当对文件进行批处理时，可以打开、关闭所有文件并存储对原文件的更改，或将修改后的文件版本存储到新的位置（原始版本保持不变）。如果要将处理过的文件存储到新位置，则需要在开始批处理前先为处理过的文件创建一个新文件夹。

如果要使用多个动作进行批处理，需要创建一个播放所有其他动作的新动作，然后使用新动作进行批处理。要批处理多个文件夹，则需在一个文件夹中创建要处理的其他文件夹的别名，然后选择“包含所有子文件夹”选项。为了提高批处理性能，应减少所存储的历史记录状态的数量，并在“历史记录”调板中取消选择“自动创建第一幅快照”选项。

批处理文件的操作：

1.选取[文件]/[自动]/[批处理]或选取[工具]/[Photoshop]/[批处理]（Bridge）。

2.在“组合”和“动作”弹出式菜单中，指定要用来处理文件的动作。菜单会显示“动作”调板中可用的动作。如果未显示所需的动作，可能需要选取另一组或在调板中载入组。

3.从“源”弹出式菜单中选取要处理的文件：

文件夹：处理指定文件夹中的文件。单击“选取”可以查找并选择文件夹。

导入：处理来自数码相机、扫描仪或PDF文档的图像。

打开的文件：处理所有打开的文件。

Bridge：处理Adobe Bridge中选定的文件。如果未选择任何文件，则处理当前Bridge文件夹中的文件。

4.设置处理、存储和文件命名选项。

5.如平常那样处理文件夹，直到“目标”步骤为止。

6.为目标选取“存储并关闭”。可以为“覆盖动作中的‘存储为’命令”指定选项以执行下列操作：如果动作中的“存储为”步骤包含文件名，就会用存储的文档的名称覆盖它；所有“存储为”步骤均被视为在记录它们时没有使用文件名。在“存储为”动作步骤中指定的文件夹会被文档的原始文件夹覆盖。在动作中必须包含“存储为”步骤；“批处理”命令不会自动存储文件。例如，可以使用此过程来锐化图像、调整其大小以及将其以 JPEG 格式存储在原始文件夹中。可以创建一个具有锐化步骤、调整大小步骤和“存储为 JPEG”步骤的动作。批处理此动作时，选择“包含所有子文件夹”，为目标选取“存储并关闭”，然后选择“覆盖动作中的‘存储为’命令”。

批处理的应用形式极大地解放了操作者，我们不但可以应用如上所述的基本方式进行操作处理，还可以从动作创建快捷批处理。

快捷批处理是将动作应用于一个或多个图像，或应用于将“快捷批处理”图标拖动到的图像文件夹。我们可以将快捷批处理存储在桌面上或磁盘上的另一位置。

图11—2—1　“快捷批处理”图标

动作是创建快捷批处理的基础。在创建快捷批处理前，必须在“动作”调板中创建所需的动作。

1.选取[文件]/[自动]/[创建快捷批处理]。

2.指定快捷批处理的存储位置。单击对话框的“将快捷批处理存储于”部分中的“选取”，然后浏览到该位置。

3.选择“动作组”，然后指定打算在“组合”和“动作”菜单中使用的动作。（在打开对话框前选择“动作”调板中的动作可以预先选择这些菜单。）

4.设置处理、存储和文件命名选项。

在进行批处理和快捷批处理时，首先应当对其相应的选项进行设置，在“批处理”对话框和“快捷批处理”对话框中指定这些选项：

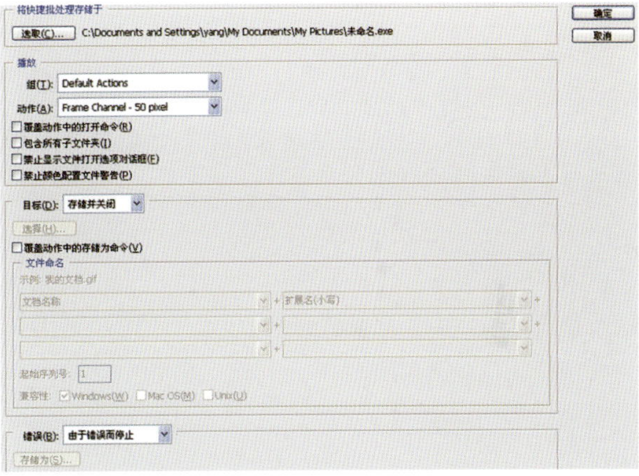

图11—2—2　批处理对话框（快捷批处理对话框中的相关选项与批处理一致）

●覆盖动作中的打开命令：

确保在没有打开已在动作的“打开”命令中指定的文件的情况下，已处理在“批处理”命令中选定的文件。如果动作包含用于打开已存储文件的“打开”命令而又未选择此选项，则“批处理”命令只会打开和处理用于记录此“打开”命令的文件。

要使用此选项，动作必须包含“打开”命令。否则，“批处理”命令将不会打开已选择用来进行批处理的文件。选择此选项不会忽略“打开”命令中的任何内容，将只打开选择的文件。

如果记录的动作要在某个打开的文件上执行，或者动作中包含针对其所需的特定文件的“打开”命令，则取消选择此选项。

●包含所有子文件夹：

处理指定文件夹的子目录中的文件。

●禁止颜色配置文件警告：

关闭颜色方案信息的显示。

●禁止显示文件打开选项对话框：

隐藏“文件打开选项”对话框。当对相机原始图像文件的动作进行批处理时，这是很有用的。将使用默认设置或以前指定的设置。

●目标菜单，设置用于存储已处理文件的位置：

无：使文件保持打开而不存储更改（除非动作包括“存储”命令）。

存储并关闭：将文件存储在它们的当前位置，并覆盖原来的文件。

文件夹：将处理过的文件存储到另一位置。单击“选取”可指定目标文件夹。

●覆盖动作中的存储为命令：

确保将已处理的文件存储到在“批处理”命令中指定的目标文件夹中（如果已选取“存储并关闭”，则将这些文件存储到其原始文件夹），存储时采用其原始名称或在“批处理”对话框的“文件命名”部分中指定的名称。如果没有选择此选项并且动作中包含“存储为”命令，则将文件存储到由动作中的“存储为”命令指定的文件夹中，而不是存储到“批处理”命令中指定的文件夹中。此外，如果没有选择此选项并且动作中的“存储为”命令指定了一个文件名，则在“批处理”命令每次处理图像时都会覆盖相同的文件（动作中指定的文件）。如果希望“批处理”命令使用命令中指定的文件夹中的原始文件名处理文件，需要在动作中存储图像。然后，当创建批处理时，选择“覆盖动作的‘存储为’命令”并指定目标文件夹。如果在“批处理”命令中重命名图像并且没有选择“覆盖动作的‘存储为’命令”，则 Photoshop 将存储已处理的图像两次：一次是使用新名称将其存储在指定的文件夹中；一次是使用原始名称将其存储在动作中的“存储为”命令指定的文件夹中。要使用此选项，动作中必须包含“存储为”命令。否则，“批处理”命令将不会存储已处理的文件。选择此选项不会跳过“存储为”命令中的任何内容，将只使用指定的文件名和文件夹进行存储。

●文件命名：

如果将文件写入新文件夹，请指定文件命名约定。从弹出式菜单中选择元素，或在字段中输入要组合为全部文件的默认名称的文本。可以通过这些字段，更改文件名各部分的顺序和格式。每个文件必须至少有一个唯一的字段（例如，文件名、序列号或连续字母）以防文件相互覆盖。起始序列号为所有序列号字段指定起始序列号。第一个文件的连续字母字段总是从字母“A”开始。

●兼容性：

使文件名称与Windows、Mac OS和Unix操作系统兼容。使用“批处理”命令选项存储文件时，通常会用与原文件相同的格式存储文件。要创建以新格式存储文件的批处理，请记录其后面跟有“关闭”命令作为部分原动作的“存储为”命令。然后，在设置批处理时选取“目标”菜单中的“覆盖动作的‘存储为’命令”。

●错误菜单：

指定处理错误的方法，由于错误而停止（挂起进程，直到确认了错误信息为止）；将错误记录到文件，是指将每个错误记录在文件中而不停止进程。如果有错误记录到文件中，则在处理完毕后将出现一条信息。要查看错误文件，在运行“批处理”命令之后，使用文本编辑器打开它。

第三节 ///// 实例

Photoshop中的“动作”能够极大地提高工作效率。本实例讲解了“素描效果”的动作设置和批处理的操作。

最终效果：

图11—3—1

制作步骤：

1.打开一张素材图片，复制一层。做素描效果要选择对比度较高，层次较丰富的图片效果才好。

图11—3—2

2.打开动作面板（窗口菜单中勾选“动作”）。新建一个组，命名为“我的动作”，以后新建了动作都可以放在这个组里。

图11—3—3

3.新建一个动作，命名为“素描”，组选择“我的动作”。

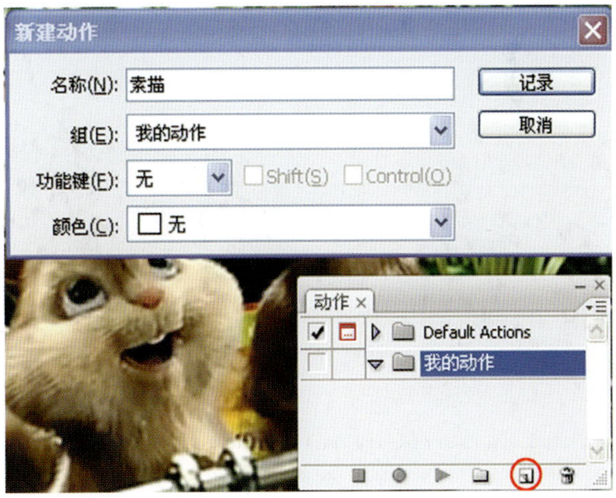

图11—3—4

4.这时程序自动开始记录动作。

5.下面开始做素描效果，首先将图片去色，在动作面板中可看到这个操作已被记录下来。

图11-3-5

6.复制出图层1，并对其进行反相操作，这时图像成如图所示：

图11-3-6

7.在图层面板右键单击“图层1”选择“转换为智能对象”，这样在应用滤镜之后还可以重新修改参数。

8.将“图层1”的混合模式改为“颜色减淡”。

图11-3-7

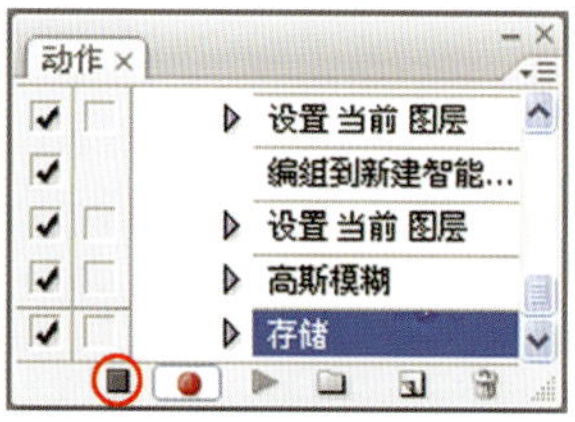

图11-3-8

9.再对它执行菜单[滤镜]/[模糊]/[高斯模糊]，半径可根据需要进行设置，素描效果制作完成。

10.此时再看动作面板，所有的动作都被记录下来了。点按一下红圈内按钮停止记录。

11.到这里就成功地录制了一个做素描效果的动作。点按每一个分动作前面的三角形按钮，可以看到操作的详细内容。

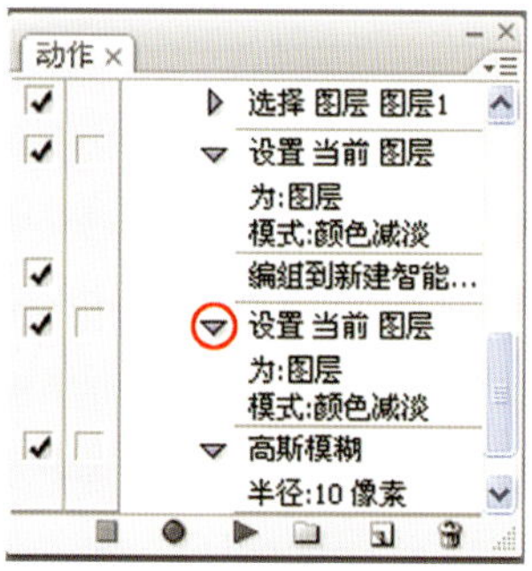

图11-3-9

12.下面我们就用这个录好的动作来给另一张图片快速地做素描效果。

13.在动作面板选中素描动作，点红圈内的播放按钮执行动作。

图11-3-10

14.总结：动作特别适用于有固定步骤的处理工作；制作动作的时候，滤镜应尽量结合“转换为智能对象”来使用；调色应尽量用增加调整图层的方式，而不直接用[菜单]/[图像]/[调整]。

[复习参考题]

◎ 创建一个批处理动作，其内容包括“曲线”、“色相/饱和度”、“保存”、“关闭”等动作。

第十二章 Photoshop CS3综合实例应用

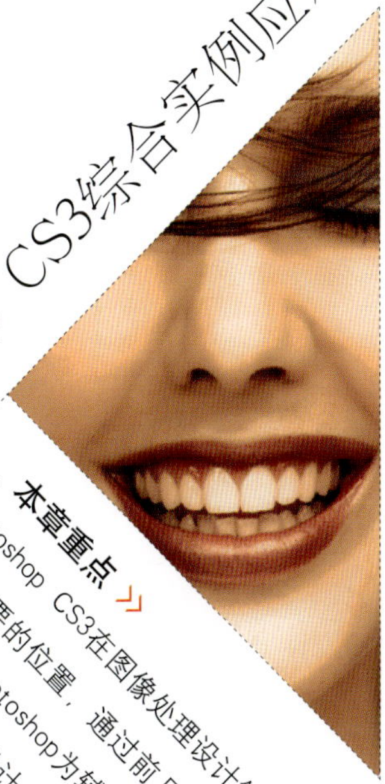

本章重点

Photoshop CS3在图像处理设计领域有着相当重要的位置，通过前几章的学习，学生能以Photoshop为辅助方法，进行平面广告、包装设计、网页设计、插图设计等诸多方向的设计。

学习目标

通过几个实例的训练，使学生能熟练利用Photoshop各个组成部分的知识进行图像的综合处理。同时能让学生通过运用其知识与制作技巧快捷地完成各专业课程的设计制作任务。

建议学时

6～8学时。

第十二章 Photoshop CS3综合实例应用

第一节 制作图标与插画

现在使用Photoshop来制作msn水晶图标的制作。

先看看效果图。

图12-1-1

一、新建120×120像素，分辨率为72px的文档。

二、画一个圆制作头部，填充颜色#78B00A，如下图。

图12-1-2

三、1.复制第一步的层，Ctrl+T自由变换，高度和宽度设为95%，设置渐变颜色，如下图。

图12-1-3

2.再设置图层样式，如下图。

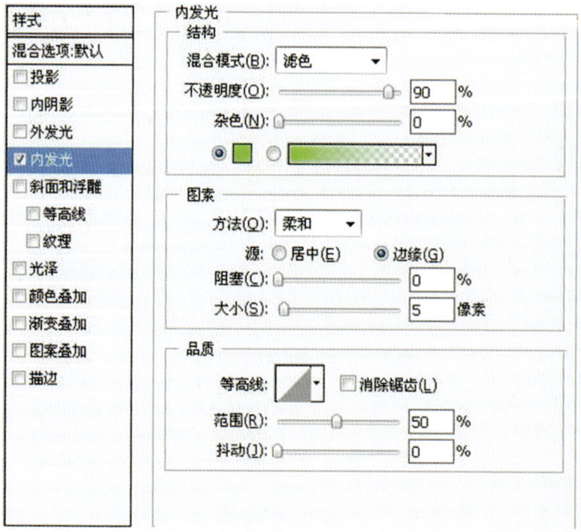

图12-1-4

3.拉个径向渐变，如下图。

图12-1-5

四、新建一层，用钢笔勾画出如下图。

图12—1—6

设置渐变颜色。

图12—1—7

渐变填充，如下图：

图12—1—8

五、1.新建一层，继续用钢笔勾画轮廓，做出高光，如下图：

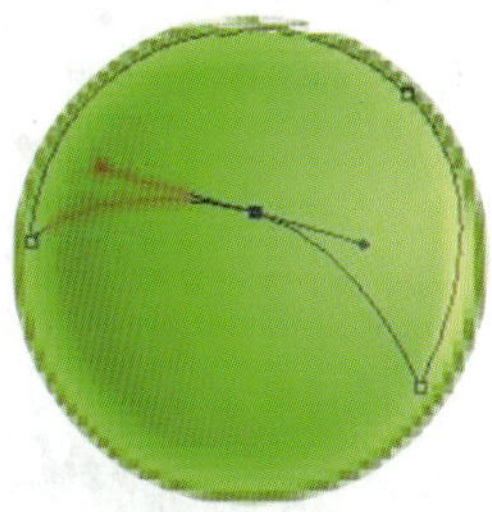

图12—1—9

2.设置渐变颜色，如下图。

图12—1—10

3.然后填充：

图12—1—11

六、1.新建一层，用钢笔勾画，如下图。

图12—1—12

2.设置渐变颜色。

图12—1—13

3.拉个如下图的渐变。

图12—1—14

七、新建一层，做反射光，做出如下图效果。

图12—1—15

图12—1—16

八、制作体部，回到最底部新建一层，钢笔勾画轮廓。

图12—1—17

填充颜色。（不要取消选区）

图12—1—18

九、新建一层，选择—收缩1px；然后填充如下图颜色。

图12—1—19

十、新建一层，按Ctrl+G与下层组合，用钢笔画出如下图，Ctrl+Enter转为选区；然后羽化5px；再填充颜色，不要取消选区，如下图。

图12—1—20

十一、新建一层，Ctrl+G与下层组合，选择—收缩2px；设置渐变颜色：

图12—1—21

拉出如下图。

图12—1—22

十二、新建一层，用钢笔勾画出如下图效果。

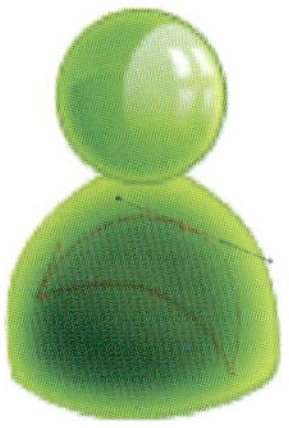

图12-1-23

图12-1-24

十三、新建一层，继续用钢笔勾画如下图。

图12-1-25

转为选区，拉出如下图效果。

图12-1-26

十四、做出如下头部的反射光，稍微调整，如下图。

图12-1-27

十五、钢笔勾画出手部，如下图。

图12-1-28

转为选区，填充颜色（不要取消选区），如下图。

图12-1-29

收缩1px，新建一层，再填充黄色，如下图。

图12-1-30

十六、用涂抹、减淡、模糊工具做出如下图。

图12-1-31

十七、新建一层，钢笔勾画如下图。

图12—1—32

转为选区，做出如下图渐变。

图12—1—33

再新建一层，选择—收缩1px，径向渐变填充如下图颜色。

图12—1—34

在新建一层，用勾画并转为选区做出如下图的效果。

图12—1—35

十八、1.新建一层到图的最底层，用钢笔勾画如下图。

图12—1—36

2.转为选区，填充#78B00A，如下图。

图12—1—37

3.新建一层，选择—收缩1px，填充#F0FC00。

图12—1—38

4.新建一层，在选择—收缩1px,设置渐变颜色，如下图。

图12—1—39

5.拉个径向渐变，如下图。

图12—1—40

十九、1.阴影部分。

图12—1—41

2.画个椭圆，羽化5px。

图12—1—42

3.然后设置渐变，如下图。

图12—1—43

4.拉个径向渐变。

图12—1—44

5.完成效果图。

图12—1—45

第二节 ///// 制作招贴海报

先看效果：

图12-2-1　效果图

第一：选定一张要处理的图片。

图12-2-2　原图

第二：进入以标准模式编辑状态（工具栏中倒数第三行左边的按钮就是标准模式。在两个按钮间进行选择，就可以快速切换快速蒙版模式和标准模式，也可使用快捷键Q）。（如图12-2-3）

图12-2-3

第三：点击工具栏中颜色框，弹出拾色器对话框，设置前景色。（如图12-2-4）

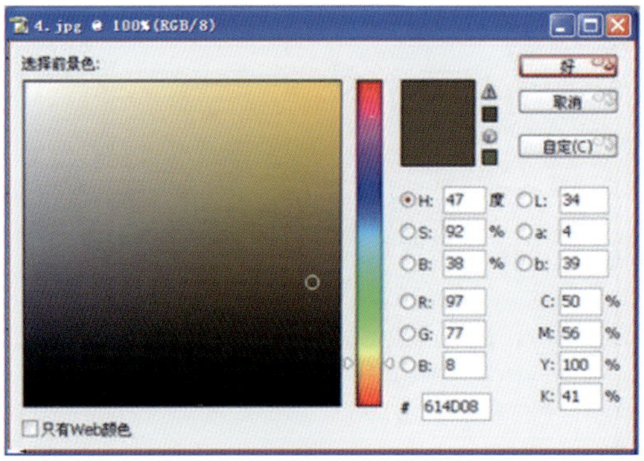

图12-2-4

第四：新建一图层（图层1），将刚才设置的前景色填充图层1。（如图12-2-5）

图12-2-5

第五：将图层1的图层模式更改为“颜色”，此处是为了改变图像色调，方法有很多，在这里用图层模式是为了在不影响图片的情况下方便查看效果。（如图12-2-6）

图12-2-6

第六：点击工具栏中，色彩框右上角，切换前景色和背景色（X），然后再次点击工具栏中颜色框，（如图12-2-7）弹出拾色器对话框，选择浅灰色。（这里灰色自定）

第七：再次新建一图层（图层2），并且填充所选择的浅灰色。在这里选择灰色是有原因的，它不与白色直接加杂，它们的色阶值是有区别的，大家可以动手试试，一张白画布添加杂色和灰色画布添加杂色后的效果，看看色阶的变化是不相同的，在这里就不详解。（如图12-2-8）

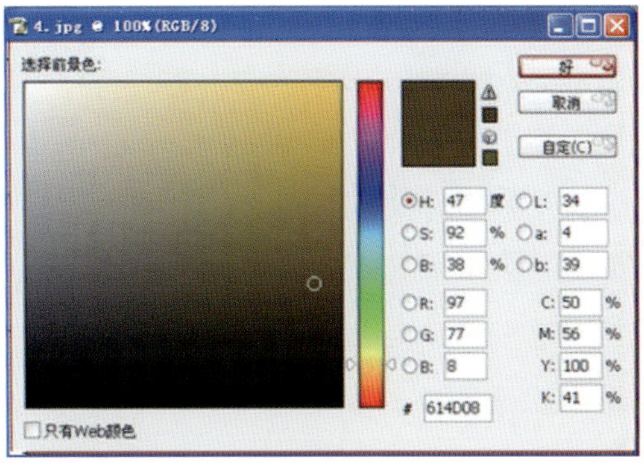

图12-2-7

图12-2-8

第八：执行[菜单]/[滤镜]/[杂色]添加杂色，在浅灰色中加入杂点，制作燥点感觉。

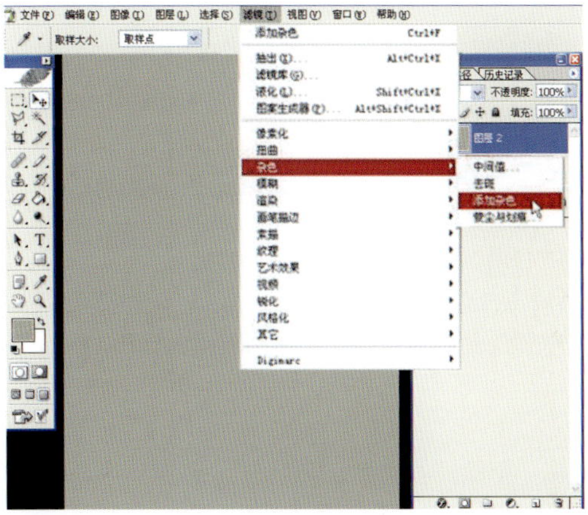

图12-2-9

第九：弹出添加杂色对话框，在数量中输入合适的数值，分布中选择平均分布，勾选单色。（如图12–2–10）

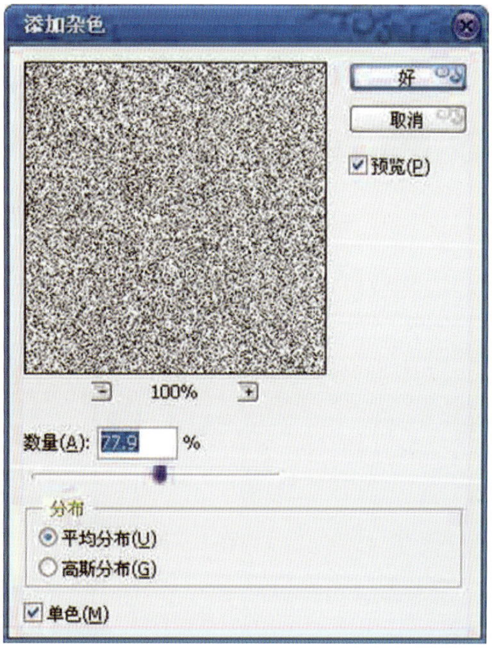

图12–2–10

第十：添加杂色后的图层2效果。（如图12–2–11）

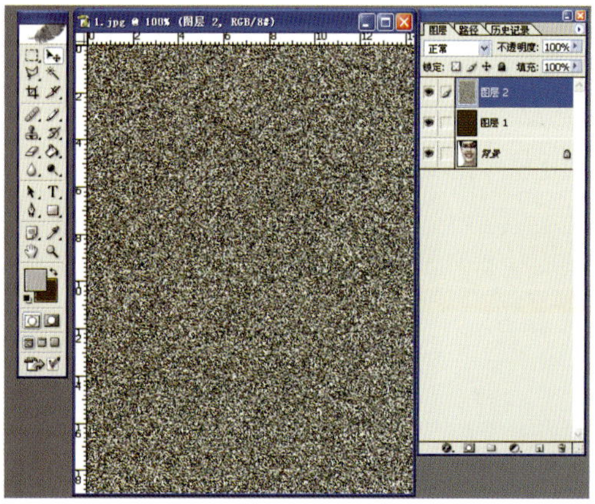

图12–2–11

第十一：更改图层2的图层混合模式为颜色加深。（如图12–2–12）

图12–2–12

第十二：另复制一层背景层为背景副本。并且进入以快速蒙版模式编辑（快捷键Q）。（如图12–2–13）

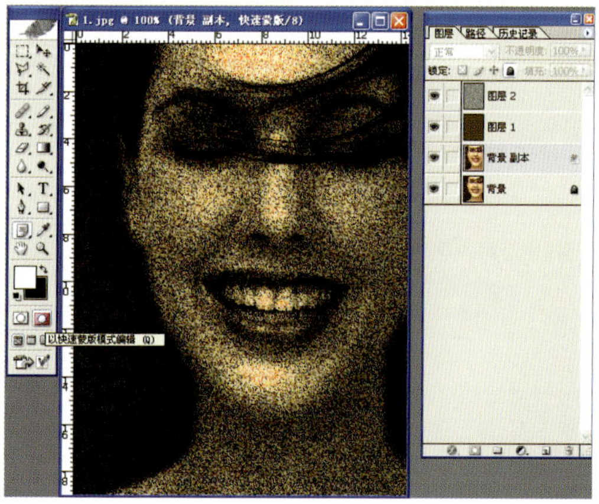

图12–2–13

第十三：使用工具栏中的渐变工具（快捷键G），以径向渐变从图像中间向外拉出从前景色白色到背景色黑色的渐变效果。（如图12–2–14）

第十四：可见这时图像中有了一层红色透明的图层效果，这就是蒙版效果。进入“以蒙版模编辑”的同时，通道面板中也自动出现了一个快速蒙版通道。（如图12–2–15）

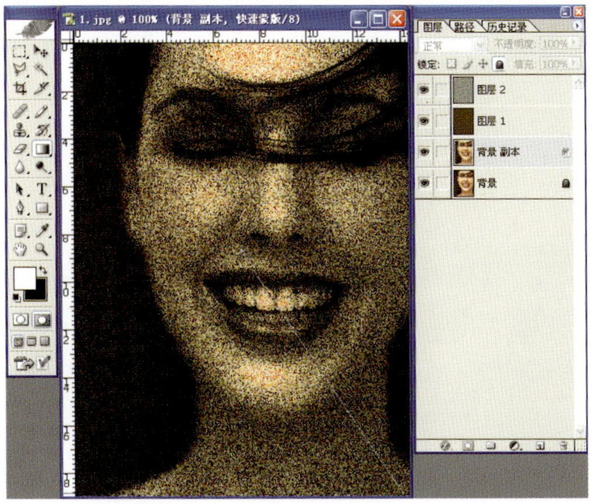

图12—2—14

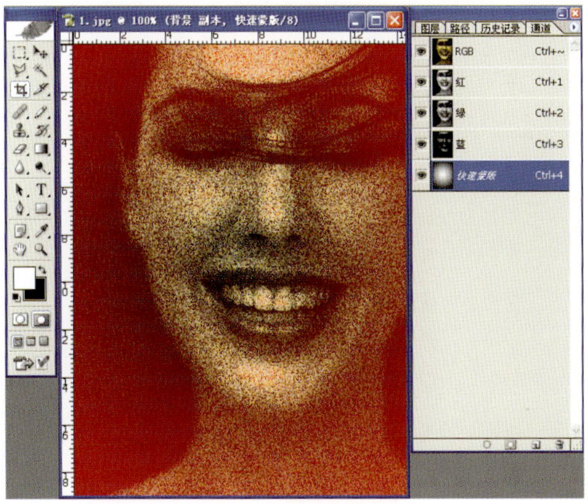

图12—2—15

第十五：由此可见，快速蒙版和通道的相关联系。点击通道浮动面板右边的黑色小三角，弹出隐藏菜单。“快速蒙版的选项”它与通道面板在一起，可见蒙版与通道的联系，这就是我们为什么要在讲通道的同时也提到了蒙版问题，蒙版与通道的关系，它是不可缺少的部分。蒙版与通道一样也是黑到白0～225的色阶原理，是一种黑白之间的艺术。（如图12—2—16）

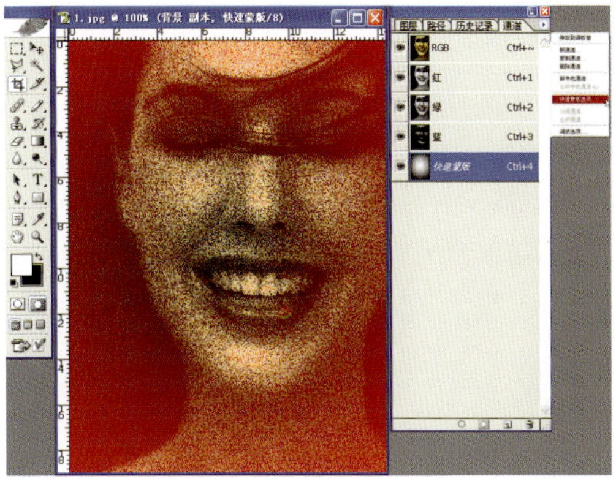

图12—2—16

第十六：如果不喜欢这种淡红颜色的蒙版效果，除选择“快速蒙版选项”外，还可以双击快速蒙版通道或工具栏中“以蒙版模式编辑”按钮，会出现一个“快速蒙版选项”对话框，在色彩框中选择喜欢的颜色。还可以设置合适的不透明度，这样可以清楚地观察底层图像的同时也要保持一定的遮罩区域。（如图12—2—17）

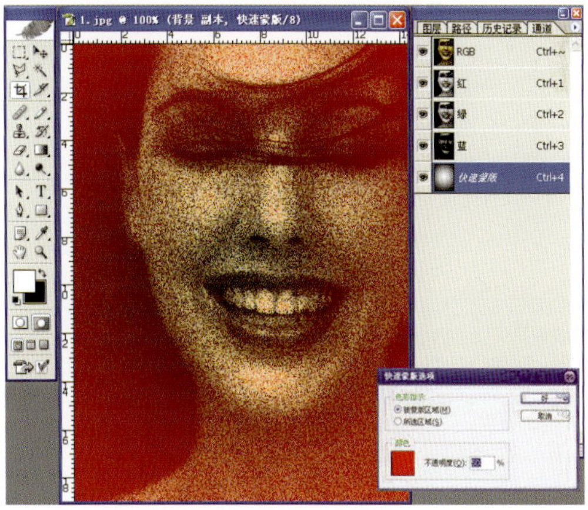

图12—2—17

第十七：点击工具栏中“以标准模式编辑”按钮。系统会自动地生成径向渐变产生的未被遮罩的图像选区。进入标准模式编辑状态后，通道面板中的快速蒙版通道自动地消失了，但遮罩图像选区不消失，保持不变。这就是所为的“快速”蒙版。也就是一个所谓的“临时的通道”。

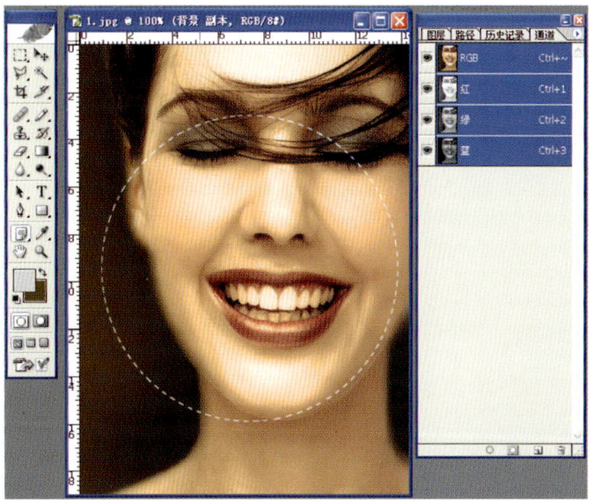

图12—2—18

第十八：回到图层面板，选择背景副本，保持选区不变的同时，按Delete删除选区内的图像。（如图12—2—19）

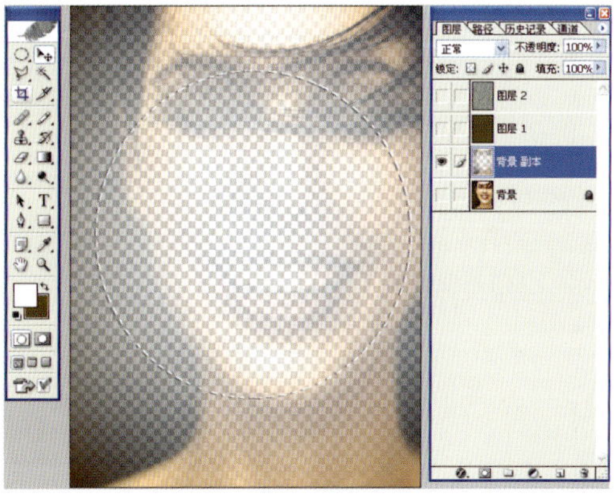

图12—2—19

第十九：使背景图可见，再更改背景副本的图层混合模式为差值。使图像有一个聚焦感。（如图12—2—20）

第二十：使所有图像可见，查看图像效果。这时海报基本图像效果和感觉都大致出来了。为了达到一种诡异感，在这里你可以把图像处理得亮些，根据情况自行调节。下面进入深一步的调整。让画面变得透气点，现在画面有点压抑。（如图12—2—21）

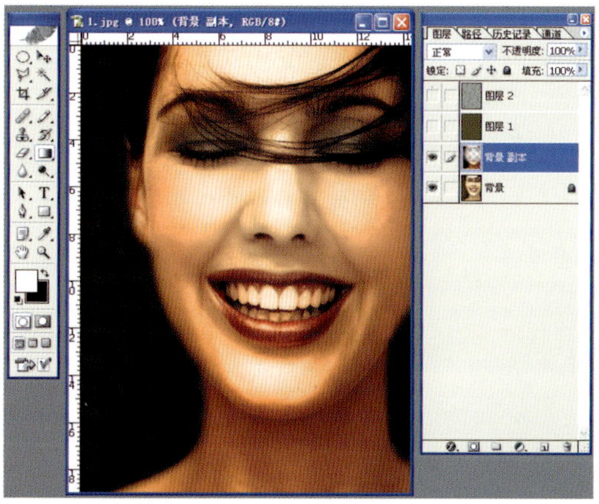

图12—2—20

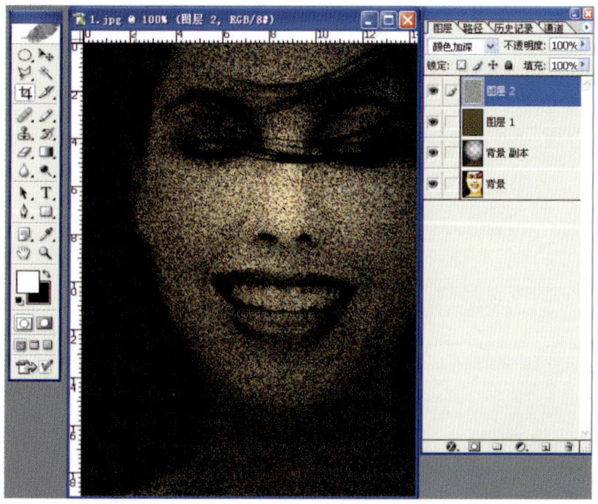

图12—2—21

图12—2—22

第二十一：再次复制背景层为背景副本2，暂且把其他图层隐藏起来，这样以便观察当前制作图像的效果。这次我们要使图层更具有空间感。（如图12—2—22）

第二十二：再次使用工具栏中的渐变工具（快捷键G），以径向渐变在距离我们最近的眼部上拉出，从前景色白色到背景色黑色（从眼球中心到眼角）的渐变效果。这时眼部为未被蒙盖区域，其他部分为被蒙盖区域。（如图12–2–23）

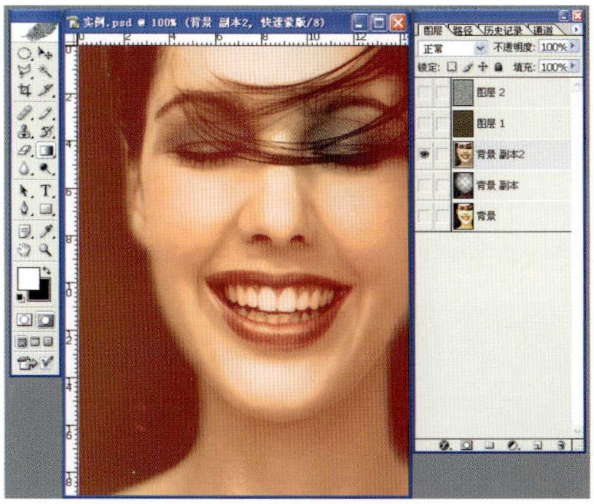

图12–2–23

第二十三：双击“以蒙版模式编辑”按钮，弹出快速蒙版选项对话框，把“被蒙版区域”色彩指示更改为“所选区域”。

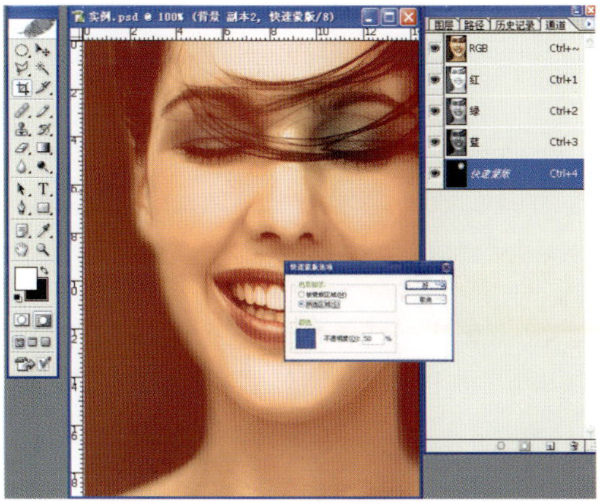

图12–2–24

第二十四：确认后，图像中的未被蒙盖区域眼部变为被蒙盖区域，其色区域也都变成了未被蒙盖区域。（这里是为了讲解蒙版的转换调节）如图12–2–25

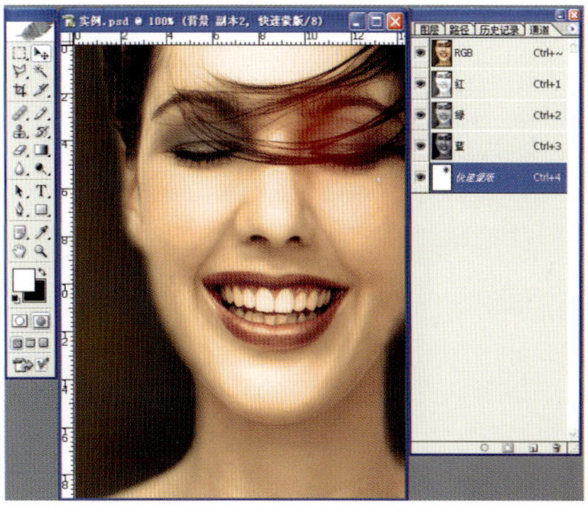

图12–2–25

第二十五：点击工具栏中的“以标准模式编辑”按钮，自动在眼部生成了一个图像选区。（如图12–2–26）

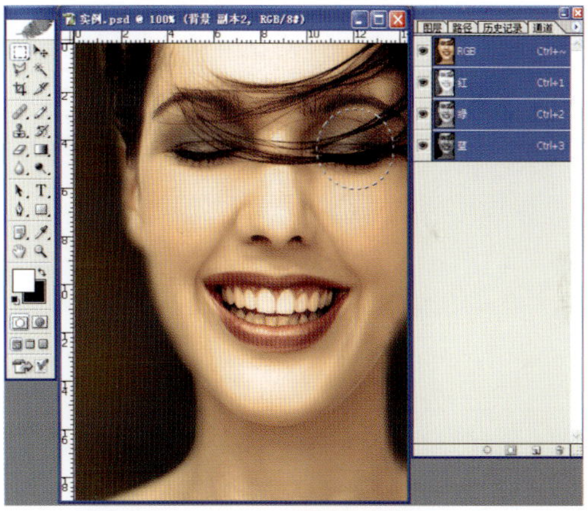

图12–2–26

第二十六：执行反选命令（Shift+Ctrl+I）。如图12–2–27

图12–2–27

第二十七：选择背景副本2图层，Delete删除选区内图像。（如图12-2-28）

图12-2-28

第二十八：显示背景图像和背景副本，并将背景副本2的图层混合模式更改为滤色。使图像有一个“中心”亮点，拉出前后的空间感。（如图12-2-29）

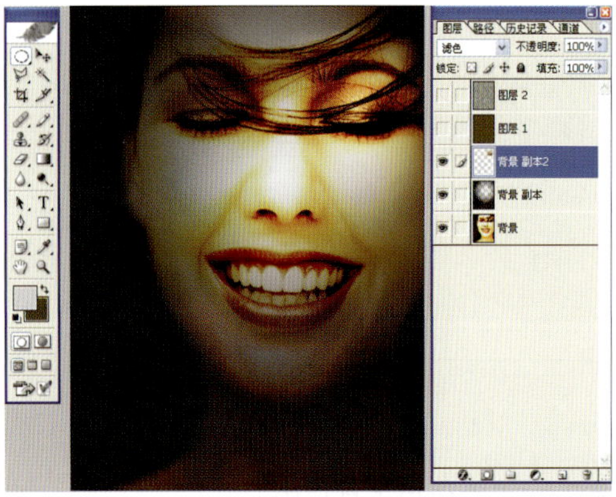

图12-2-29

第二十九：显示全部图层效果。这时眼部位置的图像层次突出了，呈现空间感。下面进行细节处理的制作。（如图12-2-30）

第三十：选择一种合适的画笔，新建一层（图层3）在画面中进行涂抹刻画。制作出划痕感。（如图12-2-31）

图12-2-30

图12-2-31

第三十一：新建图层（图层4），选择一种斑驳的画笔调整到合适大小，直接用鼠标在画面中随意地涂抹。（如图12-2-32）

图12-2-32

第三十二：新建图层（图层5），随意选择一种画笔只要调整到合适大小（“[”画笔像数小，“]”画笔像数大），直接用鼠标在画面中涂抹出大致的字形。（如图12-2-33）

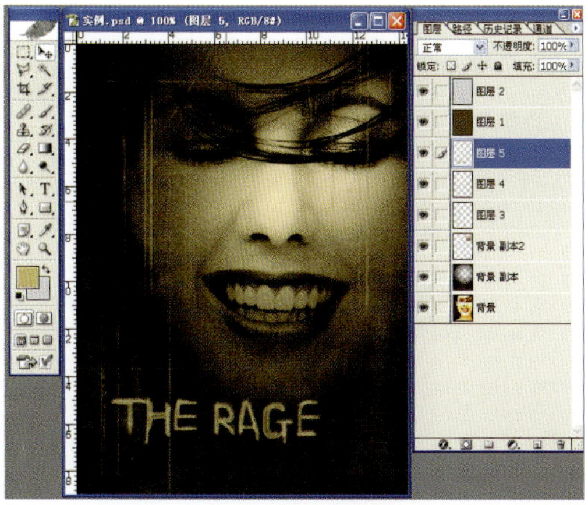

图12-2-33

第三十三：再次新建一层（图层6），载入图层5的选区，执行[菜单]/[选择]/[修改]/[扩展]，扩展选区为6像素。（可随意自定不要求完全一致性。）（如图12-2-34）

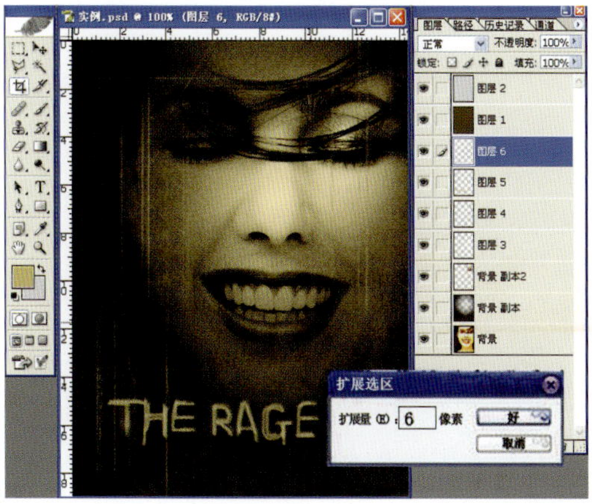

图12-2-34

第三十四：执行[菜单]/[选择]/[羽化]，羽化半径为10像素。（可灵活设置。）（如图12-2-35）

图12-2-35

第三十五：保持选区不变，并将其填充，更改图层混合模式为变亮，拉出对比。（如图12-2-36）

图12-2-36

第三十六：再次使用工具栏中的文字工具（快捷键T），输入一行文字。（如图12-2-37）

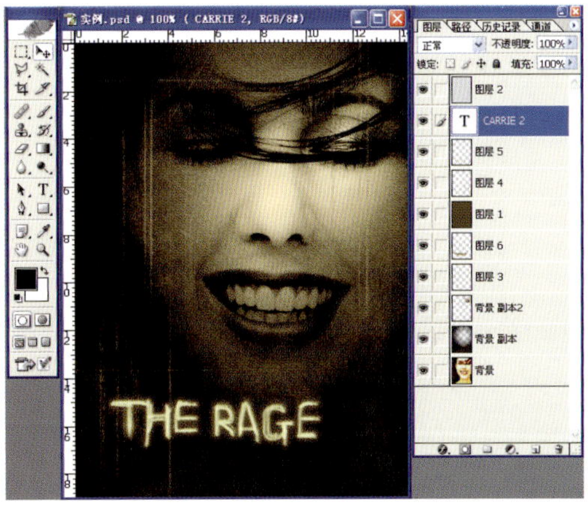

图12-2-37

第三十七：选择图层样式中的描边，对刚才输入的文字进行描边处理，大小18像素，不透明度设置为50%。（如图12-2-38）

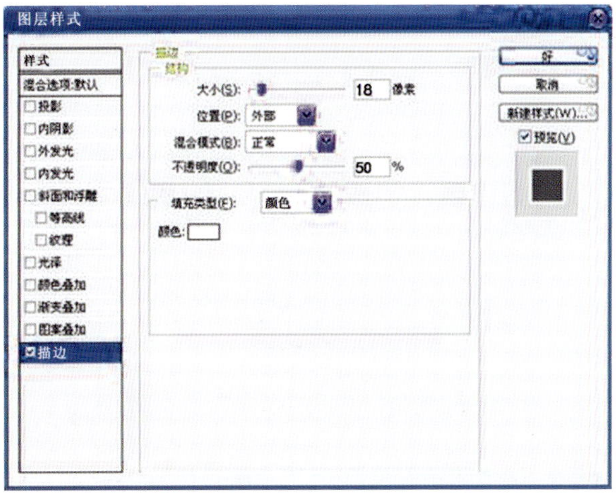

图12-2-38

第三十八：进行描边后的效果，这样进行描边后，改变了文字大小的同时，描边的粗细并不改变，也不会产生毛齿，不同于[编辑]/[描边]。（如图12-2-39）

第三十九：为使画面构图饱满，再在页面的上部也输入一行文字，选择一种粗斑驳的字体。（如图12-2-40）

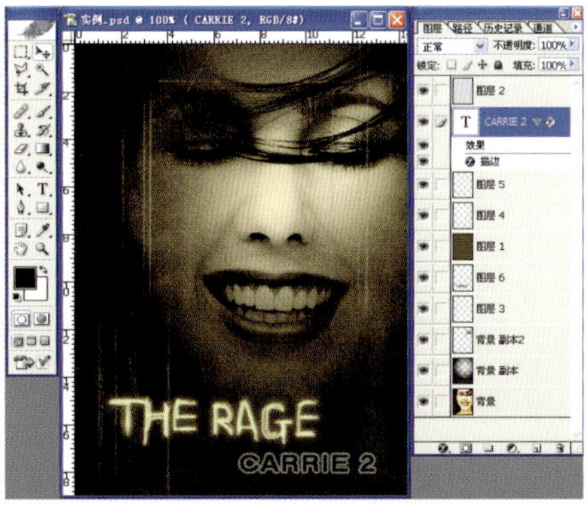

图12-2-39

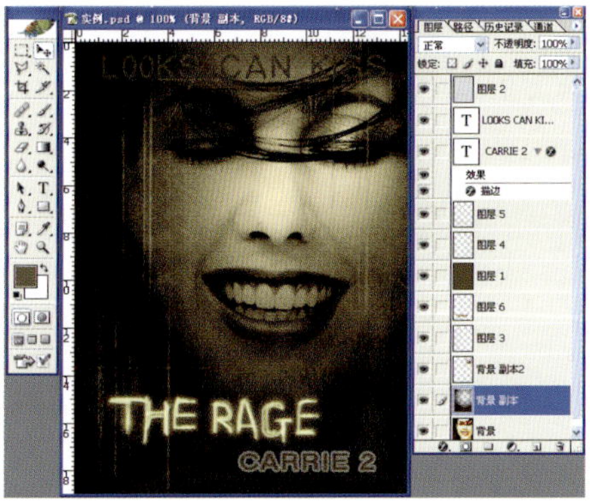

图12-2-40

第四十：最后进行全面的调整。选用毛笔工具，调整其透明度与流量，新建图层其7，用黑色涂画面的四周（目的是让四周暗下来，突出主体）。（如图12-2-41）

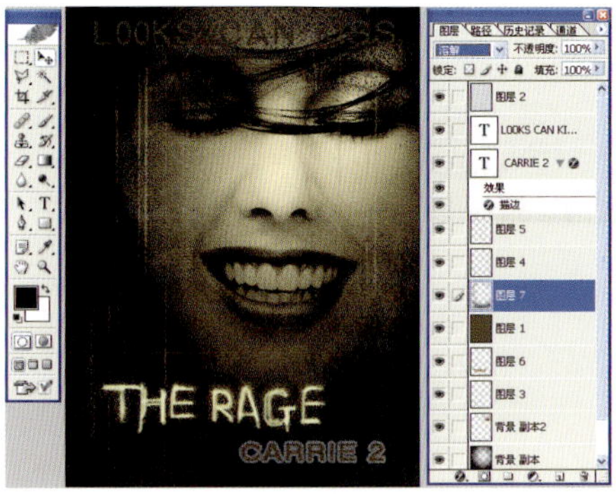

图12-2-41

最终完成的效果如图所示。一张海报效果的图片就完成了。

第三节 ////// 制作包装

一、新建一张尺寸为A4大小的文件，如图12-3-1所示给背景添加渐变色。按Ctrl+R显示标尺，用鼠标按照如图12-3-2所示标的尺寸拖出按参考线。

图12-3-1

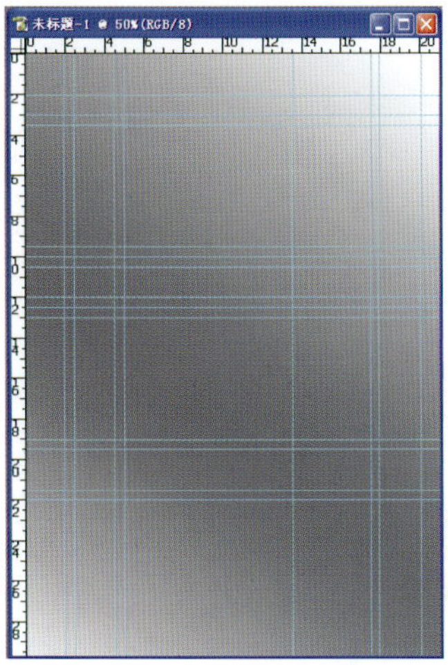

图12-3-2

二、1.设前景色为白色，用多边形套索工具画出选区。按Alt+Delate键填充前景色。（如图12-3-3）

图12-3-3

2.设置前景色为#EBEBEB，用多边形套索工具如图12-3-5所示画选区，按Alt+Delate键填充前景色。

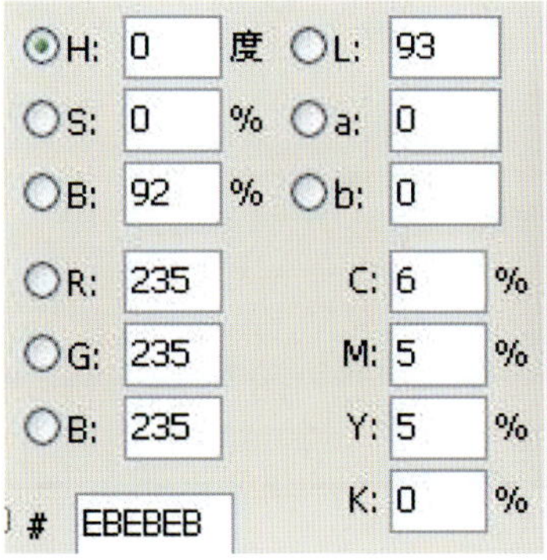

图12-3-4

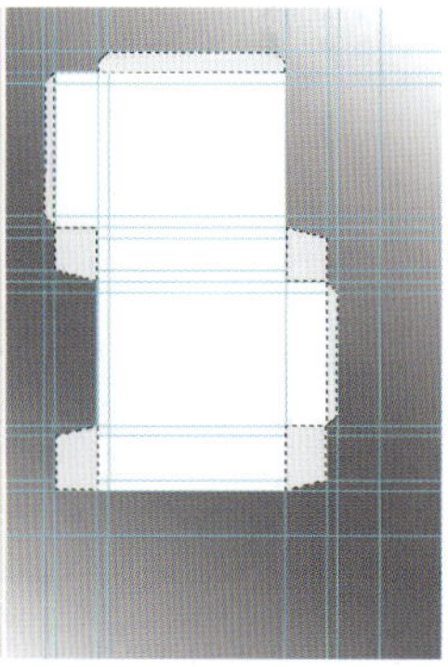

图12-3-5

三、1.新建图层，设置前景色为#3B2178，按Alt+Delete键填充前景色。（如图12-3-6）

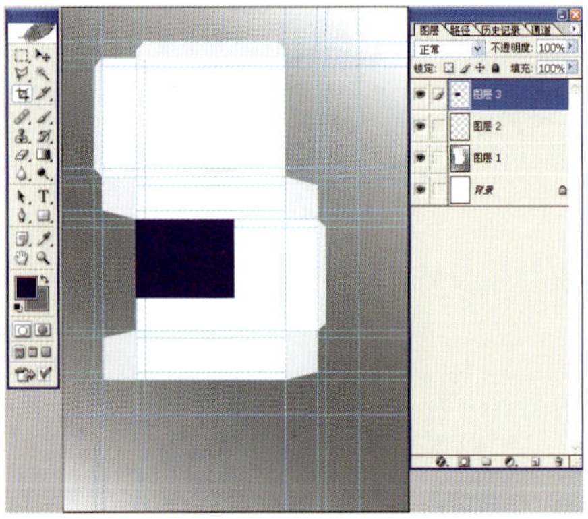

图12–3–6

2.新建一层，设置前景色为#CCCCCC，按Alt+Delete键填充前景色。（如图12–3–7）

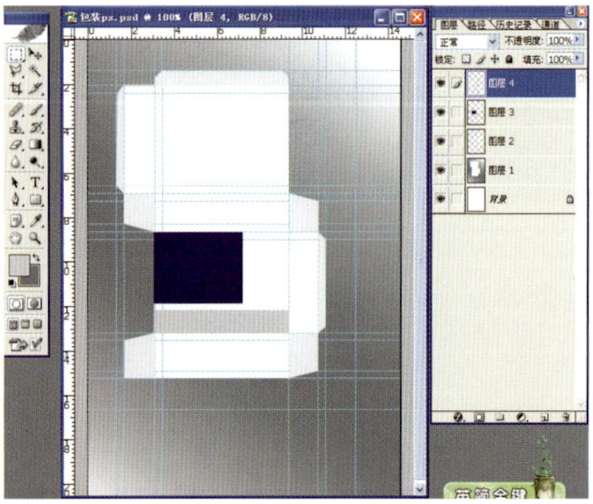

图12–3–7

四、1.新建一层，设置前景色为#6D81F1，如图12–3–8用工具栏中用圆角矩形工具画图。用多边形套索工具在刚刚完成的图形中间画选区，按Delate键删除。（如图12–3–9）

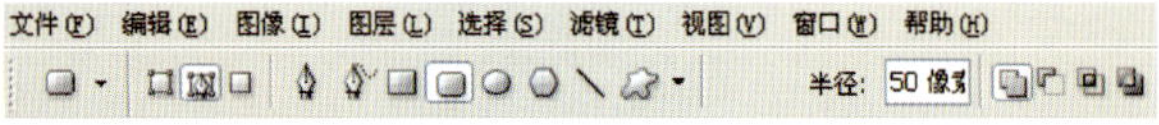

图12–3–8

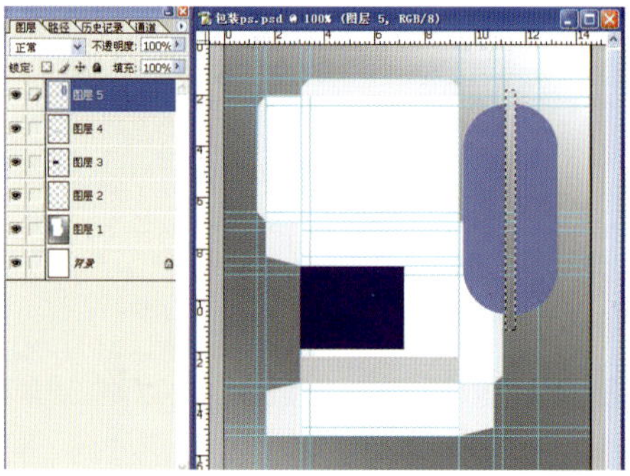

图12–3–9

2.按Ctrl+J复制一层。执行：[编辑]/[变换]/[顺时针旋转]命令，如图12–3–10按Ctrl+T键，做大小调整，再按Enter确定命令，如图12–3–11并自制两个图层。

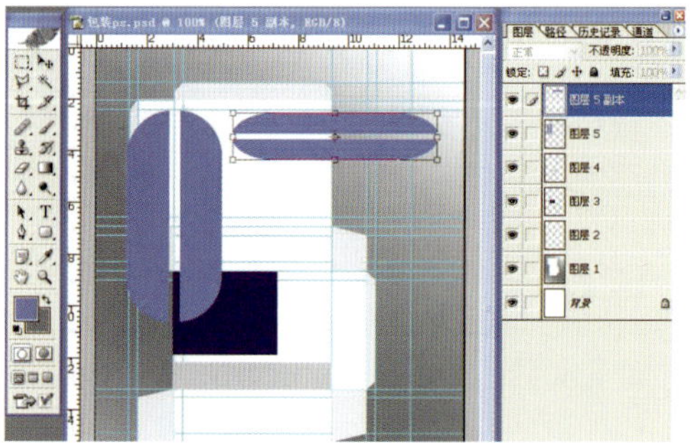

图12–3–10

图12–3–11

五、新建一层，如图12–3–12用多边形套索工具画选区，并填充前景色。(如图12–3–13)按Ctrl+J复制一层。

图12-3-12

图12-3-13

六、1.多图形进行排列组合，合并有图形的图层。（如图12-3-14）

图12-3-14

2.复制一层，如下图排列。（如图12-3-15）

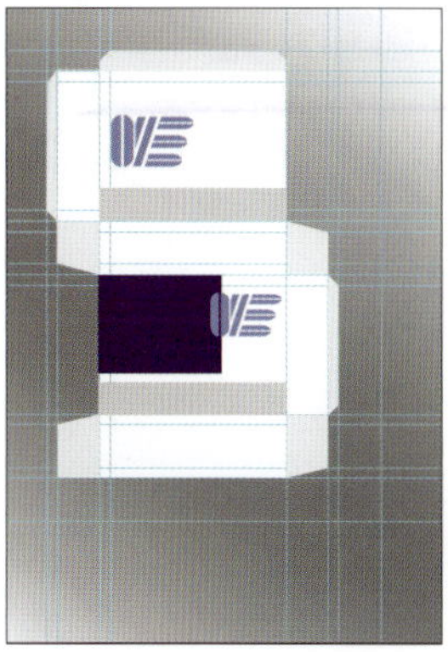

图12-3-15

七、1.在图层最上方新建一层，如图12-3-16，按Shift键画圆形选区，填充前景色：#FFAF04，用多形套索工具，在图形中间画选区，按Delete键删除。

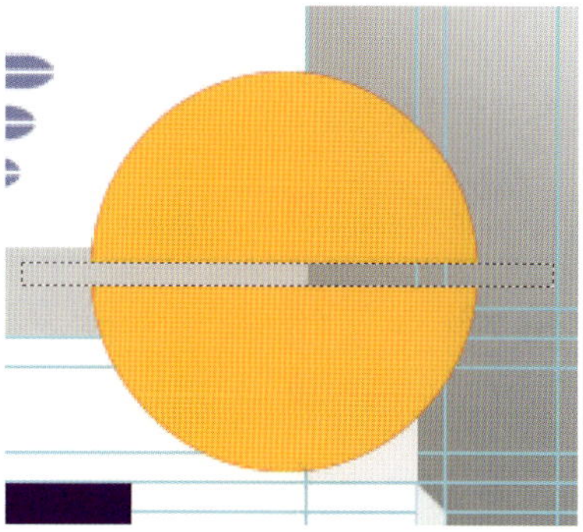

图12-3-16

2.设置前景色为#3B2178，新建一层，画椭圆选区，填充前景色。

执行：[滤镜]/[变换选区]，按Enter键确定，按Delete键删除。（如图12-3-17）

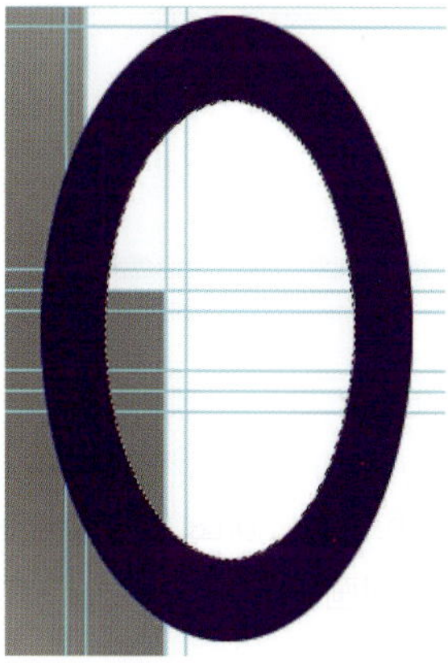

图12-3-17

八、1.按Ctrl+T键作旋转，用多边形套索工具画选区，并删除选区内的东西。（如图12-3-18）

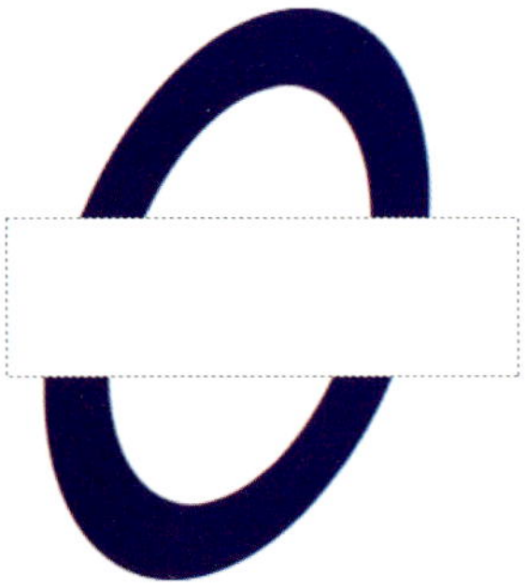

图12-3-18

2.用文字工具打上字母。（如图12-3-19）

图12-3-19

九、1.合拼商标所有图层，如图12-3-20。按Ctrl+I键复制一个副本图层，作下图排列。

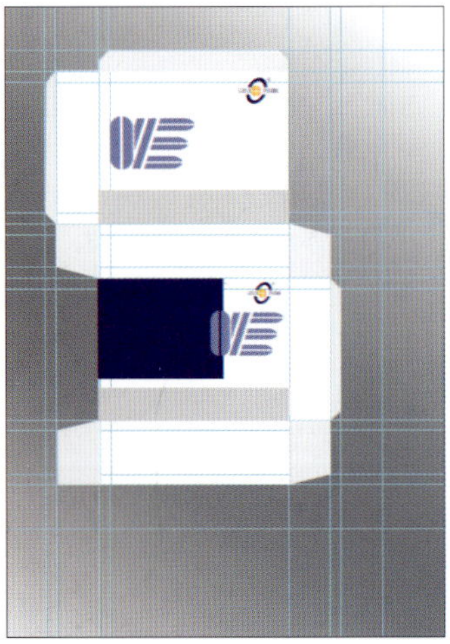

图12-3-20

2.在图上适当的位置打上文字，效果如图12-3-21所示。

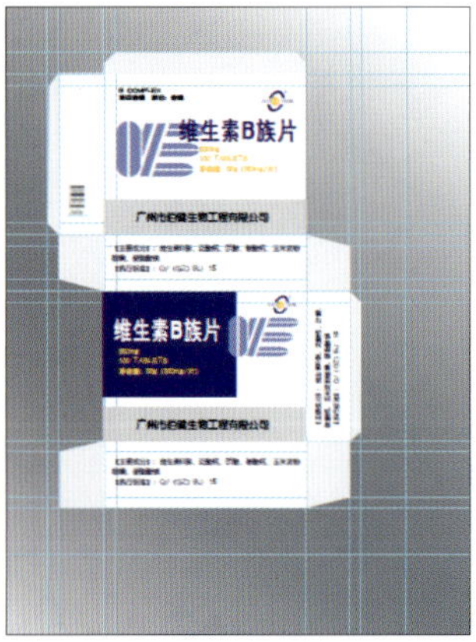

图12-3-21

十、按Ctrl+H，隐藏辅助线。效果如图12-3-22所示。

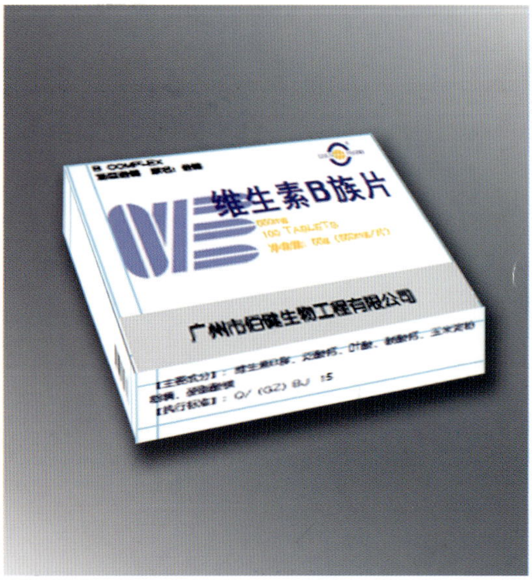

图12-3-22

[复习参考题]

◎ 利用Photoshop所学知识制作一张海报。